每天10分鐘的高效率練習
德國腦開發教授教你輕鬆駕馭工作、生活的黃金法則

馬汀・克倫格爾（Dr. Martin Krengel）◎著

利亞潔◎譯

高寶書版集團

目錄 Contents

【作者序】為什麼寫這本書 ……………………………… 008

第一單元：自我訓練

 1　別驚慌 ……………………………………………… 020
 2　從舒適圈裡走出來 ………………………………… 025
 3　有自信 ……………………………………………… 028
 4　步步思考 …………………………………………… 036
 5　掌握大方向 ………………………………………… 039
 6　分析成功要素 ……………………………………… 043
 7　在實踐中實驗 ……………………………………… 050
 8　自我訓練 …………………………………………… 053
 9　尋找榜樣 …………………………………………… 057
10　跌倒，再站起來 …………………………………… 061

第二單元：動機

11　實現你的夢想 ……………………………………… 072
12　手煞車放掉 ………………………………………… 076
13　生命像走平衡木 …………………………………… 079
14　在生活的各領域都立下目標 ……………………… 085
15　把目標視覺化 ……………………………………… 088
16　接受情緒波動 ……………………………………… 090
17　尋求回饋 …………………………………………… 094
18　培養能力 …………………………………………… 098
19　確立生活習慣 ……………………………………… 100
20　克己振作 …………………………………………… 103

第三單元：時間管理

21　畢其功於一役 ················ 114
22　先處理棘手的 ················ 120
23　拒絕干擾的藝術 ············· 123
24　善用時間 ····················· 127
25　每週計畫 ····················· 130
26　別讓枝微末節纏身 ·········· 138
27　降低交易成本 ················ 145
28　擒拿時間與精力的偷竊犯 ··· 149
29　下決定 ························· 151
30　把握機會 ····················· 154

第四單元：專注力

31　馳騁於「神馳」狀態 ········· 164
32　快速動工不推託 ············· 168
33　幫自己設挑戰門檻 ··········· 172
34　冷靜 ···························· 175
35　交替變換 ····················· 177
36　利用黃金時段 ················ 182
37　停止干擾 ····················· 187
38　一些外在輔助讓你更專注 ··· 190
39　按部就班 ····················· 194
40　怎麼聽演講才有收獲 ········· 197

第五單元：組織力

41　集中管理 ····················· 208
42　克倫格爾收納分類法 ········· 213
43　物品擺放的位置 ············· 218
44　讓任務「看得見」············ 220
45　拯救活在垃圾堆中的你 ······ 222
46　陳設的巧思 ··················· 228
47　改善工作流程 ················ 231
48　讓高科技幫助你 ············· 239
49　用點創意 ····················· 242
50　別被大量的電子郵件淹沒了 ··· 245

感謝 ···························· 253

金子般的成功之道

人人都想著有天能領悟開創幸福與成功的方法，也期盼著有天能開竅，知道該如何提高自我的生產力，馬汀・克倫格爾在本書裡，因應讀者們的千呼萬喚，不藏私地公開分享五十種靈驗的黃金法則，讓生活運轉到最高效能。試試看吧！「彩繪盤」教你如何解決問題；「生活電池」讓人在工作與生活中取得恰到好處的平衡。幽默天成的馬汀顧問發號施令，讓你的周遭煥然一新，原來，規則不一定那麼鐵血冷酷，而生活，可以攢集無限樂趣！

這本架上必列之書，獻給你！你也許胸懷大志，你也許只是莘莘學子，不管目前身處迷茫，還是已處百尺竿頭，都一定能從書裡挖出錦囊妙方，從而領會如金子般珍貴的成功之道，進而攻破層層關卡，更上一層樓，讓生命大放異彩。

黃金法則，獻給有夢之人！

何謂黃金法則？

本書探索了關於個人生產力最重要的法則，可劃分為五單元：自我訓練、動機、時間管理、專注力及組織力。依照這些金子般寶貴的原則行事，你的壓力可以減少、成就可以擴展，而心裡能獲得更多的滿足。

透過這本寶典，讓你動動腦，活絡思路，並且告訴你如何管理時間。事實上，它還涵蓋各式自我管理的技能，而這些技能會讓你的工作與學習更具效率。

誰需要黃金法則？

想在個人部分、抑或是在專業上自我進修的人，以及那些奮鬥不懈、築夢踏實者，本書能提供你掌握時間、組織生活的方法。另外，想減輕壓力、想擁有更多時間的人，亦能在書中找到解答。當然，想要成功的芸芸眾生，也會在書中看見曙光。

給知識工作者與自由業者

本書教你改善工作方法、深究既有的處理模式與建立新模式、調整作業過程並取得平衡，讓你能欣然面對挑戰，並著手處理複雜難題。

給在職者與剛入行的菜鳥

可以擁有良好的組織力且有能力接受新的挑戰，能處理事務的優先順序嫻熟於胸，並充滿動力。本書教你減低壓力、節省精力與擴大生產力。

給大學生與博士生

你需要的自我鼓勵與自信、專注的完成長篇作業；把時間分配得宜與更有效率地學習、成績向前躍進；計畫該如何著手？種種解答都在本書。

書中的「黃金法則」是為樂活的讀者而寫，讓你覺得好玩外，也能從中得到啟發。為了縮短與讀者的距離，本書將尊稱擱置一旁，直接與「你」對話交流，從字裡行間，你會發現作者正在對你眨眼鼓勵呢！

【作者序】為什麼寫這本書

這幾年，我一直無法專心，每天生活在時間管理的災難裡，找不到熱情來解決我的問題，卻忙著對細節瑣事鑽牛角尖，大計畫一再被拖延，於是，心裡很不是滋味，充滿不滿。如果規矩是人生的一半，我就活在人生的另一半。有天，我開始列出一些問題，也許是我人生中最重要的問題，我問：「要怎麼做，一切才會變好？」然後開始深究自己的行為，還有認真地觀察別人。我想把工作變得簡單些，便在自我管理上下工夫，用以實現真正想做的事。

因大學對課業有一定的要求，我又自視甚高，別無其他選擇，只能努力找新方法，以祈承載負荷。在維滕·黑爾德克大學念書時，第一學期就得進行要求極高的實務計畫，完全靠自己琢磨所學。研究所時，這些問題一樣不易獲得解決，在倫敦政經學院，十個月內得完成學業，是的，碩士學業需要你有聰明的時間管理技巧。別說每週有五百頁的閱讀量，與此同時，還有源源不絕的作業在等著我。六個科目同時塞滿我的讀書時間，無法好整以暇，只能每日不斷地學習、處理、閱讀、書寫，其中還包括在海外當交換生的成本，以及遠距戀愛的經營。

在工作經歷上，我工作過的職位南轅北轍、五花八門。從創業到大公司、接案到高水平的企業顧問，再則作家、演講人、研討會主持人、博士生與企業家，不同的角色讓我意識到，某些方法是跨領域適用的。無論是求學時，或是步入職場後，我都會在盡本分的同時，額外充實自己、擴展能力。此刻我想與你分享的，正是這方面的知識。

本書闡述了通往個人「生產力」的五種門道

很多事都很重要，好好管理時間只是其中一項。當然，你也可以選擇整天無所事事，然後天黑時反問自己，「為何什麼都沒做？」然後，當你推掉全部的約會與行程，坐在書桌前的你，與一張白紙對看，你意識到，想要擁有令人為之一亮的妙點子，雖然有時間，卻還缺了什麼。這時大概可以了解，參與我研討會中百分之九十五的人，都在抱怨他們沒有動力、不能專注。而這些卻是對個人生產力相當重要的事。然而，也不該忽略，擁有聰明的組織能力多麼重要，因當你把自己的工作領域建構的極有系統，對任務的掌握相對就會變得容易。還有，絕對要遠離猶疑不絕這個效率殺手。由於這些不同的成功調料與配方，所以我想用「個人生產力」這個詞來細談。

時間管理的盲點？

「時間管理」，精確地說是個錯誤概念。時間不能被管理。
你可以把手表裡的電池取出，或把鬧鐘摔壞，但時間長河
仍流淌而去。重要的是，做了什麼，你是多麼充滿活力與
樂趣、多麼專注自己的生活、學習與工作。主體的時間感
才具決定性。而主體的時間感卻是由動機、專注力、堅定
這些因素所決定。因此，選「生產力」這個詞來當作本書
的主幹，會比用「時間或個人管理」更適合。生產力無疑
地更加全面且切中目標，原因如下：

- 以經濟層面來說，人是有生產力的，無論是用同樣的成
  本卻能有更豐饒的產出，或是減少花費的時間及在品質
  上的提升，都可被稱為有效率地工作。因此，生產力就
  是一種能夠節省資源（時間、精力與金錢）且實現願望、
  完成任務的方法。
- 「生產能力」也很重要。當「時間與自我管理」夾帶著
  一種自我要求、義務與嚴厲時，「生產能力」一詞則含
  著一種全面觀點——唯有調合緊張與放鬆，才是長期具
  生產力的。

「生產力」此詞的字源也充滿正面意味：

・「生產力」的拉丁字源有「領向前」的意思，當人能夠充滿活力、勤勞或有能力帶來新事物時，才有生產力。
・同義詞意謂生產力即精力、創作動力、能力、創造力、想像力與創意等。

總結，「有生產力」有兩個意思：一是製造出產品（意即寫出報告、電子郵件等），另一則是有豐沛的製造力。所以，「有生產力」這個形容詞與力量相連，也和意志與點子相關。物質與精神的調和。一個美麗詞彙，不覺得嗎?! 等等，「生產力」還能做如此拆解：

・德文「生產力」（Produktivität）這詞的開頭 Pro，意謂著同意、打起精神與勇敢。
・字中間的 du（意指你），闡述我們對自己的命運負責，並主動掌握命運在手中。
・此字亦暗藏 Produkt（意指產品），生產力指的就是由許多小槓桿與螺絲釘組裝而來的產品。我們可容易地逐步更改替換這些小東西，它們卻能在加總上造成極大不同。

5×10 的個人生產力

生產力如同產品，是由許多小東西加總而成，如同正確的數學運算，因子相乘可以得到一個結果（產品）一樣，此書有五大單元，每個單元包括自我訓練、動機、時間管理、專注力及組織力，為造就個人生產力的能力。每個單元包含十種法則，可以任意的選擇替換這些因子，從而得到 5×10 的生產力。這五種能力不是每種都占二十個百分比，因某個能力可能在一個或其他領域具有最大影響力。

瞧！我現在展示給你的都是最有效率的因子，他們分兩個層次：第一層為五個單元，你可以在每個情況下彈性適用、觸類旁通。然後，每單元的十個黃金法則能逐步提供你想法。一切因子都有其重要性，並能相輔相成。本書的基本架構為：

- **從自我訓練開始**，就像教練對球員一樣，你也能鼓勵自己發揮到最好狀態，這個單元幫你增強自信、剷除內心的障礙，且讓你的發展向前推進。
- **動機是改變的鑰匙**，這關係到你的目標與晉級，也關係到你短期與長期精力資源的準備。
- **基本的精力蓄好**，**時間管理**就能幫你實現目標，這章鼓勵你主導掌握時間，並傳授你思考模式，讓你更易決定

熟先熟後。

- **專注力**教你如何擁有清晰思路以達成目標，動機與時間管理的技巧在此也幫得上忙。
- **組織力**協助你將談過的想法與概念，落實在日常生活中，並實際建構有助個人生產力的環境。

注意！小劑量效用最強，每天只要一規則或一單元的黃金法則，一步步來，最好隨即在實踐上測試所學，而非一口氣吞嚥到底。

本書是你生活與工作的良伴，啟發你面對疑難雜症的應對之道，當然也能徹底補充你所需，在實務上激勵你。請把本書當成可利用的資源，以獲取知識及方法。

我的良心建議：忘掉你的鐵鎚

「如果我們手上僅有的工具是一支鐵鎚，我傾向把每個問題都看作是一根釘子。」這話令人玩味。換言之，如果只知道一種方法，再怎麼用就是這種方法，無論它是否為正確的。時間管理這類書籍的作者說：「你應該要有效率、要有點原則。」卻未點醒你，你是否有動力、是否有專注力的問題。因此，透過我提供的眾多方法可讓讀者清楚知道，他們能同時在許多層面尋求改進。

「方法」這個詞，在希臘語意謂「通往目標的路」。我想指出，有很多條路可選，何苦讓自己繞路，亦即，唯有在實際情況裡，能擁有最合適的方法，才是完美的自我管理。黃金法則帶你展開新視野，試著帶點樂趣體驗不同策略，至於你一成不變的鐵鎚，從今天起，鼓起勇氣晾在釘子上吧！

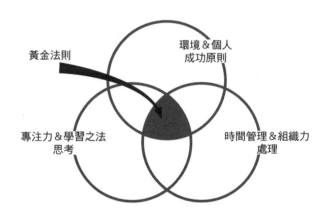

黃金法則融會貫通他法，且跨領域適用，便於讀者以少量閱讀換取最大效用。

此單元你將學到：
避免猶豫不決／變得自信／解決困難問題／完成極佳成就／適應新環境／聰明處理工作任務

第一單元：自我訓練

為生活建立一定的章法架構

日常生活中，我們往往得靠自己，當然，若是有人可以給建議的話，會好過許多，然而，教授總是無暇撥空、主管總是杳無蹤影。不過，他人卻總期望你有好想法、期待你能提出有建設性的方案，此時的你必須依靠自我訓練。自我訓練必須主動，如同真有一位教練在要求你，鼓勵自己嘗試新事物，並且掌握計畫、問題與流程。

以下十種規則能助你減少壓力，並可系統化地改善問題與流程。同時，能增強你的自信。

1 別驚慌

你知道這種感覺吧？新任務在眼前，卻沒有可著手依循的蛛絲馬跡；有人設下遠大目標，卻不知如何在短時間內處理完畢；或堆疊如山的考試卷讓你焦慮，懷著忐忑不安的心情，睡不好，卻找不到辦法……你不是唯一有這種反應的人，擔心與恐懼是身心的自然反應、是自我保護的反應機制。但現在這種情緒會造成障礙，因原始的狩獵時代早過去了。也許有人反駁：「我的辦公室宛如叢林生存之戰，咆哮大吼的老闆、拖拖拉拉的同事、致命的電腦病毒……」無論情況有多麼糟糕，我想介紹你一個心理準則——**耶基斯·多德森定律**，它透露過分的慌張將會造成什麼損害。

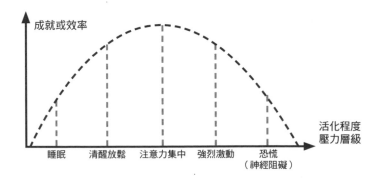

如果我們太放鬆，就找不到一開始的衝勁。在中等運作程度時，成就力最大，我們因此會有點擔心，便會稍作準備；但如果壓力太高，腦部就會受到阻礙。

耶基斯‧多德森定律顯示，我們的身體在不同情況下會如何運作：睡覺時安眠，腦波與呼吸非常平穩規則，身體正在休息；清醒放鬆時，容易接受資訊，並進行一些行為；注意力集中時，身體有極佳的成就能力，精力充分，且腦部完全隨時待命；當身體在強力激動下，成就力會下降；擔憂則讓我們的想法繞圈，阻礙腦部運行，只知「以管窺天」，不知窗外世界，我們若任恐慌控制，思想會完全停止，這就是考試或面試時出現的「眼前發黑」。在這種緊張裡，無法開啟使用已有的知識，當這種嚴重的情況過去，突然又什麼都想得到了。然後，只能對自己生氣地說：「其實，這是能免除的。」

害怕或恐懼的情緒專門破壞樂趣，它們出現在腦部的「邊緣系統」裡，這個部分在進化上比大腦更久遠，可以阻礙思考，因此，如果有負面態度或覺得無趣，學習對我們來說就會變得困難；唯有好奇寶寶才能學個不停，能吸收文章和圖表。每種看似乏味的任務都包含好玩的一面與挑戰性，你覺得呢？

胃裡不舒服的感覺也代表好的一面。我們應該接受，因每種新的情況都可能讓你不舒服，根據耶基斯·多德森定律，一定的緊繃會讓人充滿活力，並擁有成就力。當我在百場體操賽事後，又重新站在運動器具前，人就不舒服，直到有位大師跟我說，他每次出場前都會緊張，但他正面看待此事，因為不緊張就沒感覺。沒有這種緊張，反倒無法表現好；沒有這種肚中蠕動，就無法感覺趣味。

保持冷靜：力量來自冷靜。當你開始著手手邊計畫時，什麼都不知道是很正常的。就像看《福爾摩斯》，如果一開始就知道情節，還有什麼好看？冷靜！慢慢抽絲剝繭，因為就算是福爾摩斯也只能保持冷靜、全面觀察，並以他所知的去釐清事實，但如果偵探自己害怕兇手，就會束縛自己、綁手綁腳，經過研究證實，實驗對象若在壓力下解決一項狡猾難題時，他們大多無法找到解答；無法像對照組，他們睡飽吃好、輕鬆以對。保持冷靜有助我們解決問題，從創意的研究中，知道人在發展出新想法與新辦法之前，都需要一段時間，反之，緊咬不放則無法帶來結果。

急救方法：把最壞的情況先預想一遍，如果恐懼與懷疑淹沒了你，從而無法脫身，那就以智取勝，故意讓腦海中所有負面與恐懼的想法浮現。如果，這個考試或任務沒法完成，會發生什麼？把它寫在表格第一欄，例如「如果這個

計畫失敗，我會失業」。在第二欄寫出結果，「得找一個新工作」。如果把所有後果放入，便能了解與考慮最壞情況。失業，當然不好，但可能這工作讓你了無生趣，那麼至少有個實際動機去更換工作，因此並非所有後果都負面。比較重要的是表格第三欄，把為避免掉負面結果，任何可做的全寫下，像「定期與老闆談話」、「從前人獲取經驗」、「閱讀相關專業書籍」等，把所有最壞情況都想過一遍，你會感覺好受些，因為大不了就這樣，寫下後，可以再往前看。

資料顯示，我們過於擔憂，但讓我們擔憂的事：

- 40% 不會發生。
- 30% 存在於過去。
- 12% 是對健康無來由的擔心。
- 10% 是對不重要的事操心。
- 4% 是發生在我們身上卻無法改變的事。

所以，扣除上述，而另外剩下的 4%，才是我們可以影響的，把你的精力集中在這 4%，跟其他的糾纏，只會拉扯你的滿意感與效率。

這個提問有助我們以長遠的眼光看待事物，避免太過專注於目光短淺的事物上，因生命歷程中的不幸與破裂，之後往往都能變好，成為有助益的學習經驗。矽谷流傳了一個笑談，電腦大廠錄用的最低標準——應徵前，請至少創業失敗兩次再來！

2 從舒適圈裡走出來

如果我們找到合適的工作或通曉一項專業領域，就覺得挺容易上手，大腦便會盡量對此節省精力；而面對新的或不熟悉的事，經常自我懷疑，於是結果往往就是不舒服或在新任務上畏縮，在應對新的、複雜的領域學習總是提不起興趣。原來，我們的所知與經驗如同一舒服的窩，這個心智上的窩就是你最熟悉的舒適圈，其中事物就算閉著眼也能做。

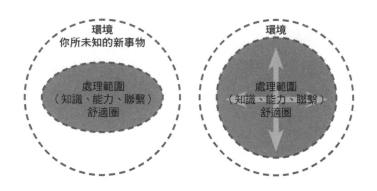

擴展能力與知識才能，離開舒適圈；同樣地，若想讓學習曲線攀升，就要勇於嘗試新事物。

舒適圈雖然美好，但我們不可能一輩子都待在舒適圈裡取暖。給自己一些要求高的任務，它們是智識增長與取得新技能的動力，試著把事情處理地更快、更好，用不一樣的方法做事，帶著好奇與興奮在新領域裡學習，前進新大陸。利用一些新方案，即使你不知道它們是否有效，唯有這樣，腦中才有新連結建立，如此一來，內在最軟弱的部分才能不斷被訓練，就像轉輪上的倉鼠。關於慢跑，若是你聽從誘惑，停止並安逸，就不可能再繼續跑下去；若是你持續跑下去，荷爾蒙便會釋放化學物質——一種幸福的感覺，可能會到達一種亢奮的狀態，然後繼續跑下去。這會讓大腦隨時準備學習新事物，同時訓練大腦。

當然，跨出舒適圈一定不舒服，不安感常伴隨自我懷疑與失敗的擔憂。但只要不倉促行事，凡事謀定後動，步步向前，錯也不會太離譜。

對我來說，一種不知該不該做這件事的惶惑會告訴我，「試試看！不然怎麼知道這件事值不值得。」例如要不要寫一本書，我會問自己：「真的可以嗎？」、「值不值得？」接著會再對自己說：「當然是不行的，我才剛學會怎麼在生活上實踐，可我對寫書也有興趣。」然後，我又有寬慰的想法，「何不開個研討課？直接與讀者接觸，並從中得到回饋。」於是帶著複雜的心情開課，這讓我與學員得到

極大樂趣。最終的結果是「講者的工作成了我最大的收入來源」。

之後又來了一項新挑戰，我想發表一本專業書籍，但是書本微薄的版稅，卻得花我一年的心力，覺得相當不公平，那麼是要延遲發表嗎？焦急的我不停地問自己，導致整晚無法安眠。於是，我自行創立出版社。隨著我一步步走出舒適圈，也大幅擴展了我的知識。不只寫，還學到怎麼產出，從一開始的估算到運行作業，出版社的一切都是兩年前的我無法想像。因定期讓自己走出舒適圈，步出腦裡設想的界限，才領我向前邁進。

沒有人一出生就當總統、總裁或偶像，
每個人都有開始，並盡可能逐步擴展其影響力。

3 有自信

「我真的不行」這類的話，多意謂著「我沒興趣」。人總不想花太多精力，還害怕打擊。你一定有時也會說「我不適合」、「我不夠聰明」這類的話。但未經測試前，你怎麼知道自己不行。曾想過嗎？大部分的束縛都在你腦中，「你不行的想法」又是以什麼事實與假設做為根據的。我們大腦被灌入許多限制的軟體，傾聽你內在的聲音吧！揪出是誰說你不行！

樂觀——吸引力法則

你的想法決定成功與失敗。相信自己，讓自己的行為走在正確軌道上，然後準備好給予更多、更加勇敢、更能接受人生風波。我一再強調的是：樂觀的人不只更快樂，也更成功。因為他們是永遠找得到方法的人，而且持續在找。樂觀者看向未來而非過去，他們考慮該做什麼，而非誰有錯；樂觀者以解決問題為導向，關心的是下一步而非問題或問題的存在。靠著散發出的可靠光芒，樂觀者激發他人克服困難，並為目標奮鬥。

你聽過社會學家提出的「自我應驗預言」嗎？它在說，人

容易先入為主地讓想法影響到行為，無論是擔心、目標、希望的各種形式。有位朋友非常善妒，而他的控制方式已明顯造成人際關係的危機；還有憂心忡忡的學生，因為自我否定而形成學習障礙；再者，菜鳥擔心犯錯，所以綁手綁腳、小心畏縮，最後成了可有可無的角色，於是，這種自我唱衰就成了事實。

然而，硬幣的另一面也存在著那些兌現自我期望的人，像是不讓自己被動搖的企業家，持續地發展想法，直到實現為止。還有因堅信勝利而全力以赴的運動家，以及那些懂得玩樂且保持好心情、無憂慮地精采過生活的人，因為大夥兒都羨慕這種快活的性格。找出那些讓你受限的框框，當你感覺別人都比你優秀時，千萬不要給自己束縛，你同樣可以到達別人早在你之前就到達的地方，甚至走得更遠……不要看輕自己，因持續的自我唱衰就如同不斷踩煞車，只會阻止前行的速度，因此，相信自己是很重要的，只要相信自己與自己的強項，你也可以到達目標。

讓你更自信的最佳練習

我們腦內的思想，有時就像對話般，你一言我一語的，所以，請用正面的事實、想法、證明、報告來對抗你的懷疑，用以主導腦中的 OS。對自己正面鼓勵，例如「我準備好了，

不會不順的」。了解情況的可能性，平靜以對；而較好的是防患於未然，並確立自信。每晚睡前都寫下三件讓你驕傲的事物：極大的成功、贏得競賽、通過會考或畢業考；或日常生活小事，像是遇到好天氣，還能讓自己靜下心學習；或雖然事多壓力大，卻還能抽空幫鄰居澆花……一個月下來，你會發現有數不清的理由讓自己感到驕傲。

這個練習十分有效，因為它不斷帶給你論點，從而指出很多懷疑其實都是憑空而來的，於是靠著這些正面讓你驕傲的事實，可以排除腦中的負面思考，這就像廣告一樣，目前研究顯示，許多潛在的廣告比讓人意識到的廣告有更強烈的作用，因此，靠著這個練習的許多小進步，便能自然而然的從潛意識裡強化腦中的正面思考。

用你的彩繪盤，畫出第一筆

我研發的「彩繪盤」是對於新的、雜亂任務處理的第一步，以前常晚上苦思怎麼解決難題，繪畫時，我發現相似之處。

讓自己待在工作室裡，即使這裡看來有點亂，但畫家專心地在白布簾前，他的想像力是一切，還有三種顏色，而這三種顏色還可再調和出其他色調，協助實現目標，基本上當有新案時也是這樣，必須先有一個大的圖樣，也就是目

標，然後再像畫家一樣，憑藉這三種顏色來實現我們的目標。

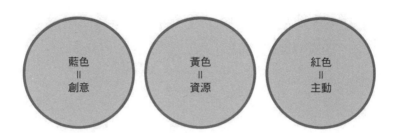

以下三種顏色，代表你的三個重要助手：

· **藍色**代表創意，如同藍天，可以在晴空中不斷冒出新的雲彩，如想法與點子。
· **黃色**代表資源，像黃色電話簿或快遞的顏色。
· **紅色**代表主動，興旺的活力之火。

想法馴獸師：你的彩繪盤

當有事讓你覺得擔心、懷疑或壓力過大，先在紙上分析：

面臨的情況

任務／問題究竟為何？哪些方面極為關鍵？

創意

寫出各種可能的、你能使用的招式與處理辦法。

資源

對此問題你已知什麼？知道求助相關書籍、網站、模式或理論嗎？
誰能提供建議？

主動

哪些辦法最可行？
綜合許多辦法來發展計畫，為將執行的目標確定里程碑。

以彩繪盤畫出你的大作

最上頭寫下目前的**問題**,這樣實際的開端才明顯,任務往往並不難,只是有時需要在掌握前,先清楚問題為何。

第二個空白處則用來**腦力激盪**,在創意與解決的過程中,最重要的是量多而非頂尖,因此收集好所有的想法與資訊,再把它們分類。有些想法一開始看來平凡無奇,可能會與其他的想法結合後,產生火花。

再來是**資源**,第一個反應也許是「啊!,不行」或「我沒有靠山」,實際上並非如此,許多人雖無雄厚的家世背景,卻擁有偉大成就。我看過一些運動中心破陋得令人訕笑,卻造就頂尖選手,同樣的,許多人開業時規模小,靠著少許營銷預算,卻能大幅擴張。

也許最重要的一步,是在**主動**這個關鍵字下,製作具體的實行計畫。

彩繪盤有助問題的切割,與發展出有方向性而非亂無頭緒的辦法,並且會估算好你的基本知識與能力,再告訴你凡事總是有步驟的,能引導你思索解決的辦法,而非苦思亂想。靠著草擬的想法、策略與建議,你將更有效率的進行

自我訓練。不管怎樣，你的老闆或教授、或照顧你的人，他們不是你，各有各的煩惱，因此，靠著彩繪盤計畫出的解決方案，至少要有兩個以上，從而比較優劣，就可以有明確的討論基礎，當老闆或他人來詢問時，你都已經準備妥當。

4 步步思考

在面對新主題或任務時，人總會顯得不安，因一切還亂無章法，但只要細看，會發現這些陌生任務下藏著極類似的過程，舉兩任務為例：

準備報告	步驟	論文寫作
最先思考： 報告對象？ 誰熟知此產品並能向我解釋？ 是否有前置作業？	概覽	要求：15 頁論文 交件日期：9 月 30 日 與口頭報告同主題
找出之前報告 毋須新創見 只需更新資料	目標	理想成績：90 分；以不同角度審美化 排版與製圖
報告技巧 生動、舉例、不怯場	成功關鍵	按學術論文要求： 引用、內容具深度、呈現實際
擬定時間表 針對報告內容首次腦力激盪	計劃	擬定時間表 針對論文內容首次腦力激盪
製作報告： 備好資料 完成投影片 美化	實踐 設定里程碑	步驟： ·研究（3 天） 正確引用（1 天） 結構／與助教討論、寫作（6 天） 校正（2 天） 加工圖表（2 天）
與同事／老闆共同分析	反思 檢查	與教授討論論文

上述兩種任務，論文與報告都存在著類似的步驟，在許多工作上也是如此，而戰勝各種任務之鑰，便是這些類似的步驟。把大任務切割成更易入手的小任務，然後，學習辨識出一再重複的過程與步驟，再將它結構化，並有效率地建構它。

面對複雜的工作任務，要先了解整件任務大致的情形，然後草擬計策，再建構實踐的步驟，而在執行的過程中及執行完畢，都需仔細推敲是否處理得有效率。把大的工作任務切割成以上這些步驟，就會產生出特定的、相繼還能再處理的著手點。當我們對任務能步步掌握時，任務相對較好處理，也較不具威脅性。

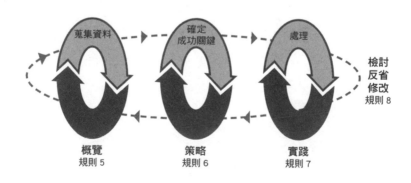

把複雜的任務切割成為可以一覽的實際步驟，便能更好地分析與掌控進度。

這個模式也解釋了為什麼遇到新任務時會有不安的感覺，因為我們總想著要馬上把事情處理掉，腦袋中只有最終的模樣，卻不是一步步該如何解決的程序。雖然有心完美，卻急於求成，有時甚至連分析都還未分析，甚至不願事前演練、深入探討，進而確立成功關鍵與目標，這是急就章是不行的。因此，請先有所計畫，而非滿腔熱血一頭栽入，走了冤枉路。

下一章節，我們會針對四個步驟再做深入討論，即掌握大方向（規則 5）、策略（規則 6）、實踐（規則 7）、反省（規則 8）。

5 掌握大方向

每個任務一開始都伴隨下列問題：誰想從你這獲取成果？任務的期限是何時？任務最重要的部分是要解決什麼？哪些關鍵必須釐清？需具備哪方面的知識？一開始列出這些問題能有效的幫助掌握方向，當你停滯兜圈時，這些問題有著極大的助益。檢視每個問題都會讓你重新掌握大方向，不致僵持卡在某個點。以我為例，念博士時常陷入困境，為了向教授報告進度，就會把要弄清楚與處理的事列出來，然後找好相關文獻、排好閱讀時間、做好總結、畫出心智圖（中間是最核心的概念，然後線形連接各相關短語或圖像）、檢測自己是否已將前前後後的全部關係搞懂了。我就是利用這樣的基礎，有了一個新的問題列表，最後再把我的問題與不清楚處上網搜尋，或找相關文章，或打電話問人。

基本上，不論是資料搜集，抑或是把任務整體衡量一遍，都是值得的。舉例來說，你想設個網站，知道人們可以用這個網站來做為首頁，也已經預設好要用哪個軟體來建構，現在你要做的是找更多資料，像是如何使用這套軟體、如何架設網站、怎麼產生出一個網址……並分析時勢、綜觀全局，也就是說，把全部重要的部分納入考量，然後追問

看似可靠的辦法是否真的有用，一如你會想知道架設網站是否還有別的方法？你是否想讓自己的網站老少咸宜，即使不識字的孩子都能上手？你的網站是收費或免付費？

以下有助於你預先了解一個任務或主題

- 擬好目錄：例如你要寫書或文件報告，先擬好內容目錄，再依此尋找專業文獻閱讀，這無疑是個好方法，對我來說相當有幫助。
- 閱讀介紹性的書籍：讀一本介紹該主題的入門書，或是小本袖珍型的實務指南，這樣可以讓你對該主題有基本的了解。
- 和你的家人朋友解釋：告訴他們該主題約是與什麼相關，這樣的解釋有助於你釐清重點。
- 與工作小組討論：就算每個人分配到不同主題，團隊討論總能加深彼此的了解。
- 應不斷將所得知識統整：不應無止境的閱讀，而是要定時總結、製出圖表及利用心智圖來整合想法。
- 去蕪存菁：在閱讀與編輯文件時，應立刻去除明顯與主題無關的部分。
- 利用線上服務：像是網站 getabstract.com 提供簡明的書籍概要，再者你會在網上發現一些勤勞小蜜蜂做的讀書心得或課程大綱，這些都有助於更容易了解一個主題。

以下有助掌握工作任務大方向

- 與有類似經驗的人聊天：不必客氣扭捏，大方上前請教，他們通常深感榮幸。
- 在展會與不同人討論：如此可了解該職業的要領。
- 詢問專業的供應方：身為潛在顧客，他們自是樂於提供相關諮詢，我就是這樣探聽到關於列印、出版及與競爭相關的情況。
- 找出多種選擇：選擇讓我們頭腦靈活思考，另外有了兩種選項後，可以再試著整合兩種選項的優點，發展出綜合兩者優點的選項，這是耗腦力卻充滿成就感的部分。
- 用戶活躍的網路論壇：例如工作交誼網站 Xing，我就是在那和其他出版商及作者進行交流。
- 基本入口網站：像維基百科或各行業使用者入口網站、產品比較網站等。

怎麼樣才能快速瀏覽看完一本書？先找出重要資訊：

- 標題與副標點明的內容是什麼？
- 書封簡介提出的問題與概念。
- 作者的專長與經驗？
- 寫作年代很重要，把一九八九年與一九九〇年德國統一前後的書相比，可能差了十萬八千里。

- 書產生的背景？如何歸類？在序言可找到這些資訊。

另外，別忘了檢視：

- 這本書的結構如何？哪些主題與書名相關？
- 有無特別強調的主題？從目錄是否能看出其核心思想？
- 序言認真細讀，導論與結尾則可帶過。

最後，試著用已有的知識來初步判斷本書的主題。記住你的目標，反問自己，為什麼必須讀這本書或這篇文章？是因為興趣，抑或它是規定讀物？是用以回答一個明確的問題，或處理某項工作任務所需？如果是為了工作任務，那你的工作任務是什麼？

- 判斷這本書對你解決任務有何幫忙，試著先預想哪些篇章與任務特別相關。
- 試著把書讀上幾次。建議你快速翻閱三次，遠比緩慢詳讀一回要好，因為這樣可避免掉閱讀壓力，多次快速翻閱也能讓自己印象深刻。

6 分析成功要素

很多事情是這樣的，大腦裡有了思想後，然後才有實際行動，例如興建房子前，你不會不考慮地基、空間利用與細節，因為若缺少通盤考量，房子就會出現問題，像是突然發現廁所沒規畫好或缺少樓梯間。不僅是蓋房子，寫作時也一樣，下筆前須思考周詳，若你缺乏論點、敘事沒有結構，用這篇文章來報告時，將有如災難，會陷入混亂。換言之，事前考慮愈完備，實行時就會更快更好。

這樣的思考其實就是我們所謂的**策略**，而策略與以下幾個部分有關：資源、目標、成功要素與實踐計畫。

思考你所選擇的路，有何資源可供利用

在規畫策略時，不要直接複製別人的辦法，而是配合所處的情況，一併考慮個人的優點與弱點，來發展出你的策略。

目標主導你的行為

盡量讓目標具體化與細節化，這樣會比較容易。有了目標後，可以看出哪些事是最重要的、有最大的影響力。如此

一來，把時間與精力花在重要的項目上，行事就有效率。所以得先搞清楚：這個任務的要求是什麼？分派任務的人，想要從中得到什麼？有無較明確的標準？

除了設定在工作上的目標，也可以同時設立個人的學習目標，這會讓你在執行任務時更易集中注意力，因此就算是失敗，也能將挫折當成學習經驗。（更多關於目標的討論請見規則 15）

掌握成功的要素

各行各業都有其特定的成功之道。而在你的任務上，成功的驅動程式是什麼呢？哪些是最有可能讓你成功的？成功並非一成不變，它與所在的情況息息相關。研究顯示，一場成功的報告不在於報告內容，內容實際上只占百分之七的重要性，反之占大部分的是你的用詞、肢體語言與展露的自信，公開演說亦是如此。但換個情況，如果你把這個報告的成功祕訣用在對待客戶上，只是對顧客誇口雄辯，卻僅提供三腳貓的東西；或換個情況，對待教授，覺得只要穿著得體，儘管搭配內容一般般的研究，也能讓教授記住你，這樣的想法就危險了，因為情況不同，成功的要素也不同。

長期以來，一直錯估**面試**的成功要素，我希望靠著專業知識與豐富想法讓人信服，於是在面試時，會滔滔不絕地說了很多，而這些多給的資訊都不在履歷裡。但這種「多即是好」其實是無用的，因為人事部無法掌握我給的資訊，於是一再碰壁，收到的被拒原因大都是「我們不清楚，您真正想要的是什麼？」。爾後我改變了策略，在面試裡重複自己在文件裡所寫的，並且只給一個例子，我其實害怕他們不肯再多問一些，還是把心一橫，緊閉雙唇，即使我不是百分百確定要這個職位，也不會展現不安，而是利用機會詢問更多訊息，這會讓面試官加深印象，相信我對這職位是很感興趣的。事實上，成功的機率大增，也因此我還得在排山倒海的眾多錄取信中考慮。

另一次失敗的例子，就是我的畢業**口試**。本來我準備得很完善，在場的人也給予很高的評價，但我得到的分數有些微不足道，於是詢問了教授，這位即將退休的教授略帶忿恨地點醒我，因為我在某堂課太常缺席了。其實，這樣的評分標準對我來說是不公平的，但這次的經驗卻也成了一個有用的教訓。一件事情的成功，包含了哪些要素，可能要多想想，於是我開始一個習慣，就是對每個工作任務都列出一張最重要的成功要素清單，這些思緒有時突然浮現腦海，可能是在公車上、睡前或與女友聊天時，但我會利用機會把想到的成功要素寫下來。

所以，弄清楚成功要素，讓它輔助你工作。例如你現在要寫一篇好文章，那麼就把造就一篇好文章的要點寫在白紙上：文章要有趣、要有挑戰性、內容要能增進他人知識、寫法要有創意，讓這些要點主導你的寫作風格。另外，面試時也一樣，想想錄取所需具備的條件，用令人信服的論點證明你有這些特質。或者將心比心，猜想考官會對哪方面有興趣、考官憑藉的目標與問話策略：他在意的是整體，還是細節？他喜歡有創意的人嗎？他喜歡比較、評判、問一些假設性的問題嗎？他會不會問：「如果我是顧客，什麼樣的內容與哪方面對我來說最重要？」把這些可能的面試要點寫在檢查清單上。之後逐一測試你是否符合這些要件，如果不是的話，怎樣能改善。

再給點提示，你不用靠自己絞盡腦汁發明，因已經有許多人在同樣的範疇裡思考過了。

- 每年出版成千上萬的書裡，相信你一定可以從中找到建議來解決你的問題。
- 很多資料網上都有，例如我在網站搜集應聘攻略後，便靠著它準備了不同公司的面試。
- 學長姐也是好的消息管道，有些醫學系學生會在大考後，立刻憑印象把考題分享給學弟妹。

確定你選的路

到達一個目標有許多方法，檢視這些不同方法，然後選出以你的資源最可能實現的。選擇時應注意：

- 掌控及減少風險。
- 釐清重點。
- 專注於最基本的部分。
- 用最小的氣力達到最大的效果。
- 利用你的長處，還有使用最有效率的方法。

事先計畫可避免走錯路

確定你的終點站，並且訂好過程中應到達的里程碑。

- 具體要做的任務是什麼？
- 哪些任務在你走下一步前應該要完成？
- 哪些實行步驟可以彼此同時或交替進行？

聰明的傢伙會自問，最後應該要呈現什麼結果？如此一來，可以省卻許多工作，避免走錯路。拿報告這件事來說，一開始就要思考，你要用哪些投影片，特別是時間不足的時候。首先準備整體的報告結構，然後準備相對應的所需資

料，即使腦中一直聽見「這不成的」、「好爛」……也別被這些負面思考打倒，才是保持效率的王者之道。

我記得好多年前，我和馬庫斯一起準備報告，他原在我眼裡只會胡說八道，之後我必須說我錯了。那時我想先徹底討論報告的內容，馬庫斯反駁我的提議，他先簡單畫出投影片結構，然後我們按照這個結構，從書裡找出內容，雖然我心裡覺得不安、不踏實，卻也懶得為一個報告碰面兩、三次，結果，兩個半小時就完成了。

在這樣的結果後，我很好奇，於是決定和馬庫斯一起準備考試，以前我準備考試就是徹徹底底的讀，這樣才能扎扎實實的把知識全部掌握、才能考得好。馬庫斯完全相反，他只準備要考的。我可能得花上四星期一頁一頁折磨自己，把一篇艱難文章裡的每句話搞懂，馬庫斯則是把書翻翻，找出總結來看，他只是試著了解結論與相對應的例子，僅在當他有問題時，才翻出某章節來讀，我本覺得他太投機了，但是當我注意到，他只花費一半力氣，卻拿到極好的成績時，才開始使用他的方法，然後發現，考試一點都不難了！

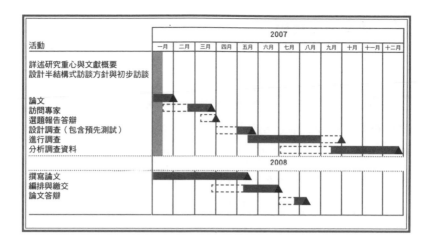

此圖清楚說明我在攻讀博士時的幾個主要任務，這張圖其實就是所謂的甘特圖，它把定時應到達的里程碑與執行目標清楚列出。

7 在實踐中實驗

好，截至目前，你大致已經弄清楚該有個目標，也明白了完成任務得先揪出成功的要素，感覺應該不會再模糊不清。你知道接下來要面對的是什麼，也知道下一步怎麼做，心中不再那麼不安，接著，你在實行時會發現，一天又一天，一週又一週，你正在逐漸實現你的目標。

實踐：首先採取預定好的步驟，但同時得小心留意自己的效率，因為人往往會在瑣事上浪費心力，所以，把一定得做好的、決定成功關鍵的一步，與只需做卻不必完美處理之事分開，分清楚後，用圖表與畫出笑臉來記錄你的進步，這會讓你更有動力。（參閱規則 18）

秉持「嘗試錯誤」之原則：在很多工作上，某些方法是不是能成功，往往無法預知，也許是缺少一定的經驗，而過程其實就是這樣，過程中可能充滿了失敗、離題、脫軌或走一大段冤枉路。這些都不要緊，只要秉持著「嘗試錯誤」的精神，有條有理的處理，就會帶你通往成功。從你認為最能帶給你大幅進步的方法開始著手吧！批判性地觀察，這一個方法是否真能如願成功，否則，就嘗試其他方式，直到有方法讓你大幅前進。在這裡，我們可以使用科學的

途徑，也就是說，一次只改變一個要素，然後看看是否因此成功，如果一下就改變全部可變動的因子，不容易掌握整體情況，就算成功，你也不知是哪個原因讓你成功。舉個例子，創業家為自己公司設立了網站，他們可能今天在網站上調整背景顏色，過兩天檢視是不是有更多人點閱或購買，如果沒有的話，再過兩天，改變網站的標題，這樣每次只改變一部分，若是有了成效，就可清楚知道原因在哪，好過將網站大幅整修、全部改動，結果可能花費一整個星期，卻依然沒有更高的點閱率。

要懂得變通： 過程的發展往往出乎意料，你會發現，過程中充滿驚奇、出現不少新資訊，有些你預設好的里程碑，正如你所預計地完成了，但其他的卻必須調整或延遲。舉個我的例子，有回做市場調查，我們堅信想法已考慮周全，直到有天早晨，同事問：「你們有看到某家產品的新廣告嗎？」天啊，這話宛如晴天霹靂，原來對手早採用類似的概念，我們原以為天衣無縫的想法就此胎死腹中，得要再全面更改。

保持耐心： 從事設計程式的人都知道，在程式能可靠運行前，要有耐心，逐步減少出錯（呃，我不清楚微軟是什麼情形……）。最近有個資訊管理員告訴我，每次程式更新前，她都會先額外編入空間，以便可隨時處理未預期的錯

誤，因此，你也該把未預期的錯誤，當成是過程的一部分。

有一點要提醒的，就是人很容易沉浸在過程中，有時甚至完全陷在自己的想法裡，未能注意外界反應。然後，正是在「做」的過程中，我們會得到很多寶貴資訊。因此，別讓自己鑽牛角尖，迷失了方向，偶爾抽身當個局外人，更能看見盲點，下列方法助你抽離。

· 詢問旁人的建議。
· 同事、榜樣、競爭對手或其他行業的人，一定都有他們擅長的任務，向其請益。
· 與工作小組多討論，彼此檢測想法，然後嘗試其他方法。
· 腦力激盪。動動你的腦，確認什麼已經做了，再想此刻要做什麼，還有接著還有哪些選項。

8 自我訓練

反思在工作前、工作中、工作後都會出現，它可以監測控管你的工作品質，可惜主動的反思很少，很少有人問自己，以後事情怎麼做會更好。

你應該最遲在工作結束後，就得開始反思反省，因為這個工作結束後，就是下個工作或下個考試、下個報告。所以，稍作反省，寫下印象最深刻的部分，這寶貴的經驗在將來很有用，它能讓你避免再犯同樣的錯誤，某種程度上也認清到底錯在哪裡。反思時，你應該要仔細分析：

- 做得好嗎？
- 哪些還可再改善？
- 具體來說，下回應該怎麼做會更好？

偶爾審視內心，寫下成功或失敗之因，記住改善的建議，把學到的一課記在小本子或檔案裡，主動從意識裡反問，回想細節，這樣所學的知識在類似情況裡便可再次使用，這才是真的進步。

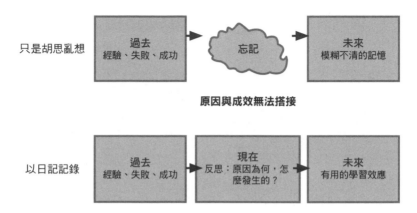

原因與成效無法搭接

可以明白原因與成效間的來龍去脈並加以利用

做暫時總結

想像你有個上司，必須定期向其報告：

- 到目前為止你做了什麼？
- 做得好不好？什麼幫你最多？
- 出現哪些錯誤？有什麼問題？你可以改變什麼？
- 什麼最耗費時間？
- 下次想改善什麼？
- 目前有哪些具體任務？

這樣反覆思考、有意識的反思，會讓你變成觀察者，客觀地改善自己的行為，並建議自身接下來該怎麼做。請記住

我出自肺腑的忠告，「自我訓練吧，自己才是最可靠的！」

哪些過程可再改善？

有時只需坐下來半小時，用文字分析一下：哪些是我工作任務裡最重要的步驟？截至目前學了什麼？接著有什麼里程碑？哪些是你實際上的操作與應該怎麼做？例如寫第一本書時，經過三個月，我做了個臨時總結，列出所有與寫作有關的過程，並估計每個篇章，讓我震懾的是，最重要的過程「專心」與「有結構式地寫作」僅占百分之十，剩下的百分之九十是編輯校對、尋找資料（雖然我的資料已足夠）、評估出版社、列印與製圖過程（雖然到交稿前仍有更動）。我分析在哪種情況下自己的生產力最高，例如游泳後，或讀了篇讓人感悟的文章後。我還畫出一張過程表，載明我怎樣把兩件事一起處理，或是怎樣可省去一些步驟，卻不會影響我的成效。

來吧！訓練你自己：

· 從外界找回饋：局外人較客觀。
· 有價值的批評是有建設性的：情緒擺一邊，事實就是事實。

- 寫日記：思路弄清，並加以保存。
- 讀書和參加研討會：藉此了解自己。
- 經常轉換角度：客人、老闆、同事和女朋友會怎麼說呢？
- 以目標調整自己：持續審視設下的標準。

這樣一來，我們就學到了處理棘手任務的過程（規則4-8）。我想指出，有些過程不斷重複，但最後的結果有時與原先計畫的相比，卻十分不同，這並不代表計畫不好，而是說明，我能夠變通，當面對批評與指教時，可以靈活地調整自己，但有時為了要做得更好，必須適時的割捨，確實不容易的。

當任務愈難時，我們就得更常走重複的路，並累積新經驗，
以便精確判斷出成功要素，並讓目標順應形勢。

9 尋找榜樣

你的榜樣向你證明一件事，就是腦中覺得不可能成的事，在實際生活裡是可以做到的。你想完成一件事，那麼就找看看，有誰經歷過類似的情況，找這個人來仿效，問他意見，聽他演講，試著接近他，到他那實習，就算這個人已過世，也可以從他的傳記、報告、紀錄片裡獲得靈感。

我曾經問我的研討課學員，誰是他們心中的榜樣，結果五花八門，我把他們的答案與你分享：

「我的榜樣是一位有趣幽默又成功勤勞的大嬸。」

「一位女老闆，因為她竟然能在男人世界裡靈巧地占有一席之地！」

「一位小提琴家，他的出場方式總是那麼獨特！」

「我崇拜一位印度瑜伽大師，他整個人顯得很可靠，散發著無與倫比的風采。」

「我的偶像是一名用心的爸爸，他在家打造足夠的活動空間給小孩。」

「我的室友是我的榜樣。他一天到晚四處晃，不念書，考試卻得心應手。」

「小孩是我的榜樣。他們想得不多，做簡單的事，很單純。」

「我的榜樣是一名非常隨性的友人。」

「Google，因為這家公司具有高度創造力。」

「藍球員迪克，雖然很有名，彈跳力超強，卻很樸實。」

「我的爺爺，年紀大了，卻非常友善開明。」

「老祖母，直到九十歲都很獨立，意志堅強。」

「我的兄弟，很安靜的一個人。」

「一個好強的女性友人，她總是充滿活力。」

「有位知識淵博的叔叔，他是我的榜樣。」

不難理解，許多人以他們的父母為榜樣。但是，我們應該再找一位非家庭成員的人當榜樣，如此一來，才能更容易突破根深柢固的舊有思考。這不是在討論，誰對誰來說特別可愛，而是面對自己目前的挑戰，在誰身上可以學到最多。找個實際成功的範本，還有你認識的人，像是有同理心的老闆、天天好心情的同事或一名大學者，把他們身上好的特質綜合起來、學起來。此外，榜樣不一定要是你喜歡的人。往往讓我們嫉妒的人，卻可以從他們身上學習，雖然有時讓我們恨得牙癢癢的，但你可以把他們身上令人敬佩的特質與他們的人分割，單純去追問：這個他有的、讓你也想擁有的特質是什麼？

我不建議只有唯一一個榜樣，也不鼓勵盲目模仿，因為是人都有缺點，而且每個人有其不同的世代背景。我鼓勵你，

找個不同生活圈的榜樣，了解這個人讓你最驚豔的特質是
什麼？

- 特別的**個性**：強硬、樂觀、溫暖的心。
- 特別的**行為**：大刀闊斧地成立公司、忠於研究、獨樹一
  格的管理風格、參與奉獻。
- 特別的**效率**：誰在他的任務上進行得最有效率、誰學得
  最快、不拘小節？

跳過自身的陰影

當我們處於不自在的情況，可以試著把自己當作別人，基
本上較容易成功。拉丁語裡「人」又稱為「面具」，這點
出我們在日常生活中有許多面向。訂製一張新面具，如同
一名演員答應演出一個讓他成功的新角色，因此不再是你
做這件事，而是化身的人物來做這件事。

這種與自身保持距離的方法，有助於減少不自在感，當我
們走出舒適圈時，就會出現這種不自在感，而用面具這個
招數，可以幫你成功行事。一個藝術家好友告訴我，他在
日常生活中扮演許多角色，角色是彈著西部藍調的鋼琴家
時，他就把自己當成一名戴著西部帽的牛仔；當調情時，
他就是瀟灑的花花公子；當工作時，他就是個斤斤計較的

謀士。

遇到困難時，我便問自己，我的榜樣會怎麼做呢？例如生氣時，想著和平的達賴喇嘛；猶豫不決時，想想成立兩百家公司的大老闆理查・布蘭森會怎麼做；低潮時，想想我祖父會如何果斷地下決定。

所以呢，問問自己，你想深度分析哪個人？哪個人能成為你的榜樣，給予你指點？

10 跌倒，再站起來

大家都有過事情沒辦好或出錯了，整個人不安焦慮、覺得
胃痛的經驗吧。但生活本就有它殘酷、不如意的部分，對
此，你的反應應該就事論事、對事不對人。而且，不順遂
時，請想想另外一面！中文裡危機的「危」代表危險、「機」
代表轉機，中文「危機」指的是危險時，也是機會來臨的
瞬間。同樣在希臘文，危機並非指沒有希望，而是千鈞一
髮的轉折點，之後會變得更好，所以，每個機會帶來危險，
危險又帶來機會，不只股市如此，很多遊戲如此，人生亦
如此，就像德語諺語：「愈是走錯路，你的方向感就會愈
來愈進步。」所以，我們常常放棄改變，因為害怕失敗，
但改變也有可能帶來成功。

> 生涯裡，我錯失超過九千次的投籃（機會），輸了超過三百場比賽，
> 在人生裡一直犯錯，這就是我成功的祕訣之一。
> 知名籃球員麥可‧喬登

把倒退和錯誤看成機會，因為它們指出你的弱點。每次有

障礙或處於危機時，問問自己：「危機裡發出的訊息是什麼？」大部分的危機意謂著有事錯了，或直至現今採取的方法明顯不適解決問題。而學習意即兩步向前、一步後退，換句話說，把犯錯的速度加快兩倍，還能快速向前哩！

從兩百個無用的燈泡裡，每個嘗試都能教會我下次該注意什麼。
燈泡發明者湯瑪斯・愛迪生

練習思考正面與反面

期望太高，結果往往讓人失望。因此，對於「有可能不成功」應該心裡有數。對此，我們需要練習放得開，接受事物的一體兩面，思考正面與反面。正面的開端在某種情況下也會有讓人失望的結果，像是中了大樂透的人，他們遭人妒忌，或者工作上非常傑出的人，他們沒有時間經營個人生活。負面的開端也可以帶來正向的結果，例如兩年前我在亞洲潛心學習冥想、鑽研佛教，一位僧侶的話至今仍在耳邊，他說：「西方人總是無法等待，像是公車晚點來、要排隊的話，就會非常激動不耐，對我來說，這是一個難

逢的、能冥想的機會。」他的話沒錯，人應感謝在一天的繁忙裡，你必須等待，而等待能讓你緩下來，這其實是個很好的機會讓你重整內心，等待的片刻其實是上天給予你的禮物，但，人們多半無法好整以暇，讓內心的暴怒偷走我們的精力。自從聽到等待是一個機會，能審視內心時，我便開始試著讓自己在紅燈前、公車站、櫃檯前的等待緩下來，不再感到不耐，而是暫時閉起眼睛，想想美好事物、聽聽音樂或深呼吸、整理思緒。

負面的開端可以帶來正向的結果，還有許多例子佐證：像是一些突發的疾病，讓人重審目標與徹底改變人生。是的，下雨天也不錯，讓人安分工作，不用一直想著陽光下的草地。如果追尋正面，就少了不滿而感覺平靜，便能集中精神對可改變的事物思考。

每個人都有讓他們驚惶，給他們帶來壓力的事物、人或活動；很多人覺得洗碗是麻煩事時，很多人卻覺得放鬆；報稅時，有人覺得浪費時間、讓人生氣，卻有人開心地覺得賺很多。因此，我們應練習正向思考，找出兩、三個事物的正面之處吧！

· 你被批評。
· 你被拒絕。

- 你和伴侶吵架。
- 你的衣服不見了。
- 你的老闆有不同想法，覺得你提的意見不好。

下週仔細察看你的反應，生氣時，試著看看事物的正面。

找批評而非讚美，才能達到最高成就

要人同意很容易。成績不好跑去找你最好的朋友抱怨討拍，用張苦瓜臉說你已經盡力了，朋友一定會安慰你，說你是最棒的，是老師給分有問題。好，這樣一來，你的心情平復了，但不久後這種情況一定會再發生，因為你並未從這次的情形裡學到教訓。

不要只挑出評語裡好的東西，我們容易把成就歸因於自己的能力，而把失敗推責於周遭，不行！請重新檢視，你在掩蓋什麼？你必須改善什麼？

工作做得很好的時候，你會很滿意，心情很平和，但你的頭腦要時時保持清醒，不要只沉浸在讚美裡，批評才能讓你有進步的空間。舉個例子，我在一個投稿活動裡認識一位朋友，他告訴我，他再也不寄文章給他們，因為他們只是把他的文章寄回，帶些拼字糾錯，卻沒有給出真正的評

語。這個朋友強調，最好的糾正是在許多紅字部分打上問號，評語註明請再重寫一次，這樣我才能改善、才有進步，不然，我以為這篇文章完成了，事實上是這篇文章很普通。

也許你的草稿很好，但還不到傑出的地步，你想超越自己，就別問這樣好不好，而該問：「如何才能改善？」如果你的演講，大家一致叫好，還是要保持清醒，並深入追問：「哪部分我說多了？有沒有讓你們覺得無聊？」當你如此自我批評式地反問時，會得到較真實的答案，否則，人只會客套地如你所願的說場面話。不要害怕批評，因你才是那個決定要怎麼實行的人。

知道什麼是好的很重要，但更重要的是知道，怎麼超越目前的成就。

應用部分

決定策略

決定策略時，應善用你的長處，也要一併考慮你的弱點，因為有時弱點會阻礙你的成功。畫個表格如下，填上你的目標、相對所需的成功要素與阻礙成功的要素。

目標	你想要使用的強項	在實際情況裡阻撓你的特質
論文寫作 至少 85 分	我喜歡寫東西 這個題目吸引我	我沒做過時間長且棘手的案子
學習中文 500 個中文字體 1000 個生詞	我去過並了解中國	我很難記得住生詞
好的實習 工作內容適當 帶薪	我做過好的報告	我有點害羞，不太能展現自己

利用這種編排問自己：

· 我如何建立或發揮我的強項？
· 如何能消除我的弱點？怎麼能避免弱點影響我？

把點子寫在紙條上：遇到問題時試想，然後把問題寫在一張紙條的最上方，例如「我要怎麼做才能把作業又快又好

地完成？」，找出十五到二十個答案，無論它們是否類似（這會激發思考過程）。至少選一個答案，然後實行這個點子，不要拖延。愈常做這個練習，下次就會進行的更好，因為創意、自信及自我解決能力，都會同時增強。

你的標靶

這張圖表幫你複習了這一篇的關鍵字。好好利用它，判斷出哪些是你可以再加強改善的部分。用筆圈出你的弱點，並且填入更多想法及實行的步驟。

頭腦清醒／保持冷靜

踏離舒適圈　　　　　　　想想彩繪盤
　　　　　　　　　　　　（資源、創意與勇氣）

不要還沒開始就給自己壓力

系統化分析錯誤　　　　　判斷出可改善的潛在能力

強化自信

推算成功要素　　確定實際目標與里程碑　　　書面反思

判斷出重複過程

把鏡頭拉遠看工作任務　　　用其他角色／面具出現

找尋有建設性的批評　　反覆綜觀目標與目前的位置

靠著試煉與錯誤找出對的路

寫反省日記　　　　不讓自己沮喪

找尋實際的仿效對象

不要立刻放棄

接受錯誤

你的下一步是什麼呢？

_____

_____

_____

_____

通往成功之路

別驚慌：如果讓氣憤與憂愁阻礙你的精力，一切就難了，保持冷靜與樂觀，這樣就不會再出狀況。

步出舒適圈：界線是用來超越的，學習不該終止，從你的舒適圈裡出來。眼光向前，如果往回看，就從你的錯誤中學習。

有自信：每個人都有資源，能描繪出未來，也許你未來的景象比他人更閃耀，但無論如何，最重要的是你喜歡這幅景象。

思考重複出現的步驟：某些過程會重複出現，這是你可以

掌握的部分。

掌握大方向：具體來說，你的任務與什麼有關？你現在的位置在哪裡？想往哪個目標移動？你的任務裡包含哪些專業上目標，還有哪些個人的學習目標？

分析成功要素：探索出每個任務的成功要素，並集中精力在這上面。

在實踐中試驗：試著把你的目標更有效率的實行，面對批評與新資訊時都能坦然接受。

自我訓練：盡可能地聽聽別人對你的批評。同時當你有成就時，也記錄下是什麼原因讓你成功的。

尋找榜樣：從歷史、知識、經濟、政治上與周遭，找出能啟發你靈感的人，閱讀自傳或發現一個理想形象並模仿之。

跌倒，再站起來：犯錯的人才會成功。失敗告訴你的是你錯誤的假設和弱點，這是學習過程中的重要資訊。

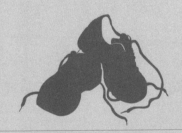

下單元你將學到：
設立具體目標／強化你的動機／避免壓力／與動力的波動共處／迅速激勵士氣的方法／把
目標視覺化

第二單元：動機

實現自我靠自己

過去我常不解，我這麼好強的人怎麼常感覺缺乏動力？雖有動機，卻無力把事情完成，真讓人挫敗。

後來才客觀醒悟，動力的「動」指向好的事物移動，或離開不好的狀態。此外，動力還有精神上（期望、目標）與肉體上的層次（睡覺、充分營養或人際關係），少了身體就會不聽使喚。

這樣一來，解釋了我動力時多時少的原因：頭腦與身體必須協調。而我對我的身體卻只知擠檸檬似地壓榨，難怪有時會力不從心。取得生活各部分的平衡，動力才能高哪！接下來的十個法則，就是在研究動力上飆下跌的遊戲。

11 實現你的夢想

為什麼那些創業的人能夠不屈不撓、堅毅執著呢？答案就是，他們知道自己為什麼要努力。為了靠自己實現自我，有計畫地把擁有的希望、夢想、目標轉化成真，這就是他們最強與最可靠的動力來源。另一個動力來源則是，他們做的事讓自己有**樂趣**，有樂趣時，事情做起來會簡單許多，很容易就成功了一半。尼采也說過類似的話，亦即，如果你清楚自己「為什麼」要做，就會有非常多的動力去追尋快樂、滿足與成功，你會使盡「千方百計」。

所以，弄清楚你追尋的目標與動機吧！短期的成就與獎賞都是暫時的、由外部所決定，但真的動機來自內在。像是運動，一開始可能是因朋友而上健身房，或是剛好有特惠活動，當這些外部刺激不存在了，就是試煉內在動機的時候。

> 如果建一艘船，便盼它航向遠洋！
> 安托萬・德・聖－修伯里

外部刺激與物質獎勵通常消失得快，你需要的是**使命**、是理想，心理學家指出：人類的希望無窮盡。像贏得樂透後，起初變好了，但期望隨著新狀態有所調整，可以注意到，人不一定變得更惹人喜歡或更成功，反而想要得更多，即使到最後中了樂透亦無法對生活滿意。反之，許多有名的人則靠著對工作的樂趣，而充滿活力，且十足成功；再者，施展才華與興趣偏愛的人，在工作上更快樂，也很少有浪費時間的感覺，同時很快地學習到所需的知識。因此，請你捫心自問：

· 對我來說，值得追求的人生是什麼？
· 對此我要採取什麼行動？

以下問題透露了你的理想：

· 我是誰？我要變成誰？
· 我人生最大的目標是什麼？

很少人對這些基本問題認真思考！當然，這些問題無法立即回答，也非答完就結束，但正是對這些答案的追求，始終鼓舞著人類，並給予動力。因此動動腦：

· 我想達到什麼？

- 我的夢想是什麼？
- 我想成為怎樣的人？
- 我想改變什麼？留下什麼？

回憶你的夢想，也許是疏忽了的、沉寂多年的兒時夢想，或念書時期的懷抱、還留在腦海中的點子，把「要是……的話」變成一個具體目標，只有把夢想轉成目標的人，才能把夢想實現，而其他人可能仍在呼呼大睡？

一個人的理想要怎麼描繪？這取決於何種呈現方式是你最喜歡的。對許多人來說，理想只是一句貫通他們人生各部分的箴言，對其他人則是一種個人狀態。把不同的目標與面向歸類，便能讓你具有動力，引導到所希望的軌道上。

你的夢想是什麼？可愛美滿的家庭，有房子、小孩與貓，自己的公司、屬於自己的羅曼史。夢想是富裕、幸福、接納，還是改變。你想要成立一間學校？或是致力環保？

有錢有勢的人幾乎都不是非凡聰穎、受高等教育、迷人或長相俊美。 他們變得有權多財,只因他們想變成如此,他們的雄圖大略是最大的財富,反之,沒有球門(目標),當然很難進球。

廣告才子與電影製片人保羅・亞登

目標對人生太重要了!它給你方向,賦予你的行為意義,帶給你滿足與幸福。目標還有個額外好處,據稱一開始工作就寫下清楚目標的人,十年後口袋的深度,是以往同事的數倍哩!

請牢記在心:

愛你所做的事,它便以倒吃甘蔗的方式,漸入佳境。

12 手煞車放掉

在實現你偉大夢想或小確幸的路上，一定有外部阻礙存在，是它們讓人生更精采！此外，還有內心障礙使我們趨緩：長輩們試圖在兒時就替你設想，於是我們從小便受他人的意見所左右，只有少數的家長、老師和教練是有遠見之士、是懂得真正生活的領導者與啟發者，而許多長輩則已在人生過得舒服安逸，在他們的教育裡，這些和那些必須這樣做，哪些事絕對不可能，都已被下定論了，秉持著以安穩為導向的思考方式，因著這樣的教條在你的腦中築起高牆，阻止你探看牆外更美的世界。舉個例子，我的一個研討課學員，有天她對老公說：「下輩子我要當老師。」老公說：**「幹嘛不這輩子？」**就是這麼一句話，讓她想通了，於是決定在年近四十的芳齡，放棄物理治療師的工作，雖然已有兩個小孩，靠著辛苦的學習，轉職實現她想要的工作目標，她不任命運擺布，有勇氣拆下已磨好的軌道，老實說讓我挺驚訝的。

今天在你耳邊，還有什麼細語？誰說不可能的，什麼原因你認為很難，你不夠聰明嗎？「現在不做，要等什麼時候？」、「不是你，那還有誰呢？」鬆掉手煞車向前行吧！

重要的問題：「要是……的話會怎樣？」

大部分的教練都同意，成功最大的特質，就是相信自己與相信目標是可實行的。有個小提問有助於拆除你的圍牆，並逼你換個角度來看，這問題叫「要是……的話會怎樣？」。

- 要是我不像別人說的那麼平凡的話會怎樣？
- 要是我試試看的話會怎樣？
- 要是我試一次不同的方法會怎樣？

積極的言論 vs. 消極的言論

我們的思考轉入語言，語言也影響思考，因此從正面的句子與正面的思考開始，字與字會變成事實，從事實變成習慣，習慣決定生活方式，最後也決定了一個人的部分性格。

不要每天叫苦，怨環境不好、機會不適合、小公司沒發展、工作好閒，寧願問自己：「我可以做什麼，才能得到機會？」、「我怎麼能更靠近我的目標？」以打破腦中界線。

負面思考		事實的真相
「我不行。」	>>	「實際上我不想。」
「我做不到。」	>>	「我不敢。」
「我沒時間。」	>>	「太麻煩了。」
「不值得。」	>>	「我沒興趣。」

有些人有意或無意的用藉口逃避，這樣就可以窩在家看電視、吹冷氣，也不會發生太多事。但這不會讓人往前進，因此，用新的、樂觀的、聽來成功的語言取代被動的話語，「我試看看，馬上就開始。」、「誰能馬上就把這事做好？我再試一遍。」別說：「我很想做這件事，只要⋯⋯」而該說：「我試試 A，若不行再試 B，都不行的話，我就把其他方案全試一遍，我知道，一定有個會成功的。」

具體地思考與設下可及目標，不要成天叨念「我要多學點」或「做更多運動」，應該說「這學期我每天念一小時書」或「我每週重訓三次，如果有事的話，就用跑步、在家健身或游泳取代」。

成功，意即起身比跌倒多一次。
溫斯頓・邱吉爾

13 生命像走平衡木

不難理解，僵持在一件事時，動力好像消了氣的氣球：學生學習過量，就會失去樂趣，勉為其難坐在桌前也無法專心，覺得少了什麼；當一切變得千篇一律，每天早出晚歸，沒時間給自己，除了工作外，就少與人接觸，職場新鮮人也會心情低落；或者你想念過往的同住時光，好友不再拎著啤酒上門。缺少一些精神上的火光，起床、工作、回家、看電視、睡覺，數月過去，於是，突然有個念頭冒出來，「一切到底為了什麼？」

如果身體的基本需求被忽略，就會造成精力的損失：電池空了，最美的目標也無所濟。對此我分別列出五種「生活電池」（見下圖）：**成就**的部分，包含工作或學業，成就型電池裡的精采任務讓人有動力。特別重要的當然是**身體**，沒有足夠的休息或健康的生活方式，它就會罷工。**連繫**也同樣重要，受打擊時，和朋友一起大笑或家庭的歸屬感都有抵銷的作用；**調和**則是和你的未來與價值觀有關，它調濟你的心靈，讓你因為有意義的活動而得到活力。相對地，**支援**型電池不一定讓你有樂趣，但若是不加以關心，就會因為生活混亂、金錢擔憂與不佳的計畫，失去許多動能。

你的生活電池靠著不同的行為與體驗充載（圖表上方、白色部分），但電池也會漏電，若是你不加以保養（灰色部分），在一個領域過勞，就會疏忽其他領域，肌肉消瘦、朋友悶悶不樂、你則累癱了，長期的動力與高成就必須仰賴各方面的平衡才有可能，因此聰明的話，應讓自己好好享受真正的休息時刻，抑或者不時進行支援型電池裡的任務。例如購物、做家事或花點心思組織你的生活，別成天念書，有時晚上在外面晃晃，不需要良心譴責，相反地，這樣的片刻完全必要，當我在研討課介紹生活電池時，有些人想起他們在外頭體驗的時光，覺得比起學習或工作時更加充滿動力。

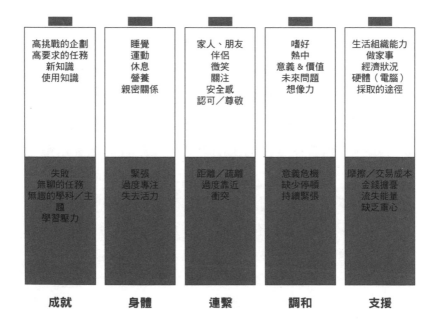

生活電池，說的是生活有許多面向，我們需要不同的東西，好讓我們能快樂前行，因為人常常只重視成就這一塊，然後一天下來又非常生氣，覺得一事無成。樂趣是更重要的動力，我曾試著一天工作十二至十四小時，相信我，即使任務再有趣，不多久就會感覺缺少點什麼。每顆電池都有最低的需求量應滿足，所以，計畫你的一天，綜合各部分，以便更有效率行事。有些基本問題，你應該邊寫邊想：

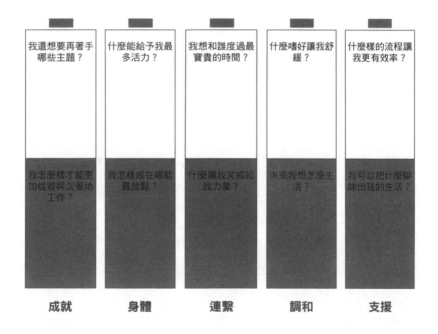

| 成就 | 身體 | 連繫 | 調和 | 支援 |

我還想要再著手哪些主題？／什麼能給予我最多活力？／我想和誰度過最寶貴的時間？／什麼嗜好讓我舒緩？／什麼樣的流程讓我更有效率？

我怎麼樣才能更加從容與沉著地工作？／我怎樣或在哪能最放鬆？／什麼讓我笑或給我力量？／未來我想怎麼生活？／我可以把什麼驅除出我的生活？

定義在每顆生活電池裡的小目標，並判斷出最重要、最能提供你活力的東西，和最浪費你時間與精力的吸血鬼是什麼。

把你的五個生活電池維持最強電力

成就：清楚地定義你工作或學業上的主要任務，哪種工作讓你最開心？怎樣進行或何時工作最有效率？如何改善外圍環境？有無可能更愉快地進行工作，例如在咖啡店看書或申請在家工作？哪個人你覺得當搭檔挺好的？

身體：這部分需要最多時間，因此排除睡眠（約八小時）與基本時間像緩衝、休息、盥洗等時間（約四小時）等，你尚有**十二個小時**可供利用，當我們注意到這點，就可避免過度的勞累。再者，在這十二小時裡，仍需給予身體足夠的營養、運動與放鬆。

連繫：這部分與其他部分緊密相關，當同事很棒時，工作起來就簡單多了。有人陪慢跑時，就會跑得更久，因此當你電腦不行或有專業問題時，試著與他人連繫。所以認識對的人是最好的，擁有好的社交網路是個極大資源，當有煩惱或問題時，有電話可打最能讓人平靜。

調和：你現在忙著夢想與忙著喜歡的工作，但在學業與工作之餘，享受點嗜好吧！關機是值得的，即使一週彈一次吉他或騎馬、一週來點兩到三次的樂趣，聊剩於無。

支援：在這顆電池裡，重要的是東西做了就好，不必做到最好（像洗碗不用洗得像打蠟一樣）。應規範好支援型的任務時間，例如每天最多兩小時，不要為小事耗損精力，並試著讓自己有效率！（可參考時間管理單元）

這幾顆電池，每顆都有一定的時間投資需要，整組才能發揮最強電力，然而每顆電池皆有百分之二十的時間是不切實際的。由於職業的旺季淡季、學期時間、週末與度假，讓你會有不同重心，相對的在考試時，你可能把百分之五十的時間全放在成就這一區塊，但長期下來，你還是應在所求裡取得平衡，並計畫好實際電池分配。

瞧！我如何在極端情況下配置生活電池

在我擔任顧問的期間，一週約七十小時的工時，我試用生活電池這個模式，然後特別挑選與布置必要的生活部分：因久坐會背痛，我逼著自己每天早上做兩種運動來活化腹部與背部肌肉，效果顯著。時間允許的話，中午我會到外頭覓食，或到辦公室角落，喘口氣小憩；午後，我不會在電腦前咖啡一杯又一杯，而是到中庭品嘗，順便整理思緒；晚飯聽完其他顧問宣揚他們今天又做了什麼好事後，會和女友在電話裡濃情蜜意，這是我們唯一談情說愛的機會，然後不搭計程車，而是跑十五分鐘的路回家，呼吸新鮮空

氣。睡前幾分鐘要舒服一點，雖時間不長，但已足夠。有意識的停頓，幫助我遇到壓力時能冷靜，而不過度耗費力氣。然而這個工作還是讓人很疲憊的，因此週末最重要的事就是睡眠充足與放鬆，對此我需要一些有效的活動，像是游泳、桑拿、滑雪，這些都是可以兩人進行的活動。週日晚上與女友道別後，還會有三到五個小時準備我的工作，如此一來，還是能在特殊時期取得生活的平衡哩！

14 在生活的各領域都立下目標

「生命若無追尋、渴望、欲實現之目標,人便不會做任何努力。」埃里希·弗羅姆的話,應該也是現今心理學家所研究:動機決定了行為的時間長度、密集度與方向,意即有愈強烈的動機及愈具體愈細節的目標,就愈能引導你的行為。

清楚是很重要的,當你的目標愈清晰,你就能更有效率,博恩·崔西說:「如果我們感謝成功與幸福,百分之八十得感謝那清楚的思路。」你愈常記錄並描述你的目標,思考與目標在你眼前就會愈清晰。教練都同意「目標有吸引力」、目標影響你的思考,所以,相信自己與相信可以做到,你就會找出方法,並發現如何將其實現。

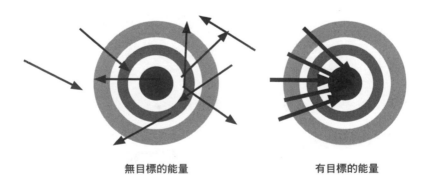

無目標的能量   有目標的能量

每個成功的經驗都在於我們怎麼定義成功，只有靠著實際想像這是多好或多不好，才能對行為分類。也就是說，目標有鼓勵作用，是測量你的準則。因此，對每個任務都能確定個人的學習與發展目標，即便老闆咒罵時，你可以為自己評分，並根據自己的標準，做出總結。

設立的目標，應該要：

- **特別、可以測量及帶有時間進度**：請寫得具體。不要寫「減肥」，而是寫「四週兩公斤」；不要寫「準備數據」，而是寫「週三前把第三部分結束，並試算四個例子」。
- **高要求，但不要不切實際**：目標要是可達到的，不然只會讓人沮喪，望洋興歎。
- **有彈性**：目標不可能完全不變，因為你與你的外部環境都會改變，對各種機會與變化保持開放，它們或許能讓你再度審視你的目標，最好有一個目標「靶子」，稍稍偏移是允許的，不要只有範圍狹窄的目標紅點。

注意嘍！最重要的規則是：聰明訂目標。

目標要特別、要可測量、要高要求、要可實現、要配合時間進度。

一個朋友有個可愛的儀式，每年年初都會設下目標。猶記新年那天，她愉快地告訴我，她的三大目標。六月時，我問她，進行得怎麼樣，她幾乎無法記得說了什麼，從這件事看出了什麼？不是她的健忘症，而是，每年只設立一次目標，太少了，而且得把目標寫下來，並且放在看得見的地方，不然目標可能無法在日常生活上產生作用。

靠著寫下來，你的夢想才會更具體突出，筆記能強化思考，並主導你的思考方向，不讓思考在空中打轉；再者，寫下來能防止你忘記。另外，你需要一個標靶在眼前，下一章便是帶你把目標視覺化。

15 把目標視覺化

猶記得在佛羅倫斯時，我特意住在大教堂旁，它巍巍矗立在城市上頭的圓頂是最佳燈塔，如果我走錯了（或奇揚地紅酒喝多了），還能找到回家的路，不然我可能會無助地在這座迷宮城市裡進退失據，因此讓你的目標清楚可見，這提供了可靠的方向。讓目標經常出現在眼前，有助你記住目標，這樣一來，我們可以更容易為自己導航。

讓目標看得見：把自己當繪畫大師，在腦中栩栩如生地描繪出你的行為帶來的正面結果，試想，等你考完試後，獎勵是在巴黎蒙馬特尋樂，陶醉在各式音樂、顏色與形式裡。又或者試想晚上工作完成，可以和女友在一起，閉上眼睛，細品腦海中的愉快周遭，再睜開眼，動手吧！

事情搞砸了怎麼辦？試想事情要是沒辦成、考試沒通過，可能要改行當計程車司機，或幫阿嬤拉菜籃換點零用錢，還是不如去公園長椅上躺躺，想著要是少壯不努力，以後這就是棲身之所⋯⋯這多少可讓你不再懦弱。一如球賽在上半場處於落後局面，中場時教練在更衣室裡要脅，「輸了，我就買票帶大家去聽古典樂。」然後呢？關鍵一球立刻就進了。

寫好，貼好，看好！最簡單也最有效的方法，就是用粗筆把目標寫在紙上，貼在你看得見的地方，螢幕上、窗邊桌前、水槽上方、正對馬桶、日曆上、牆上或床邊，每天都能審視你的目標；或是把目標填在月曆的不同禮拜，這樣不只強迫記憶，更能逼自己想要實現目標，有助克服心裡的膽小鬼。

- 克林斯曼在擔任德國足球代表隊教練時，要隊員把六個特質寫下，包含積極、進攻、自信、快速、迷人、成功，這些特質可是被高高掛在門上。

動力壁紙：把蘋果新筆電的廣告圖貼在牆上，或是貼張馬爾地夫的圖片，或是其他的夢想，就算你老衲心如止水，沒什麼渴求，至少靠一些外在獎勵來慰勞激勵自己。動機是由外部刺激與內部想望加總的，仔細觀察你的動機，而清楚的動機有助你能意志更堅定地去做事。

情境錄影：有些美國人會推薦影片，裡頭放的全是激勵人心的音樂與圖片，一早看了，不知不覺就會充滿正能量。這想法老實說不壞，但與科技產品不熟的人，可以試試另種簡單方法：收集圖片，或是有你最喜愛歌曲的光碟，還有把家裡的海報翻面，用讓你快樂、鼓舞你的圖片貼滿它。

16 接受情緒波動

人不是每個小時都一樣的，「善變」無可避免，我們的情緒、專注力與毅力，強烈地受著生物節律的影響（見規則36）。其他因素也可能影響我們的心情，太擔心、天氣太壞或太好（還得去上班）、轉換工作時的青黃不接、身體疼痛、內心不安。動力像海浪般時高又低，**享受這短暫的休息**，讓自己分散注意力，靜待動力再度降臨。創意與學習的研究也顯示，因為新資訊在腦中加工、儲存與相連需要一段時間，所以我們需要一個沉潛期。

度過動機低潮期的急救方法

- **一個人自處**：對於動力問題，每個人需要不同策略，有些人能自律堅持，有些人則寧願分心去散步，或與朋友聊天，探究背後的原因，是壓力、失去方向感、不清楚優先順序或僅僅擔心。
- **想想上回的正面經驗**：上回你安然度過類似的情況是什麼時候？那時情況如何？你在之前之後有什麼感覺？讓上回的正面經驗再度發生，並給你力量。
- **已成就的進度**：對已經做到的感到快樂欣慰，拍拍肩膀鼓勵自己，你已寫好的論文每一頁、你已經找到的參考

資料，這全是過程中重要的里程碑，你已經完成不少。

- **小確幸**：在生活的不同領域製造小確幸，像小調情、買好東西、有趣的對話或幫助他人，然後慢慢從死胡同裡走出來。

- **尋找新趣味**：發明新的小遊戲，例如在重要段落下劃線、和作者討論、在每個有趣的句子旁寫評語，或注意話說不停的對方是不是口齒清晰。

- **微笑**：聽來有點荒誕，但研究證明，人笑時就會開心，因此表現出很有興趣的樣子，把嘴角向上，對人真正地微笑；再者，可以看些喜劇片或有趣的 youtube 影片。

- 光是**回顧**自己的生活，就值得讓人有動力了，因為這能讓你簡單地思考，給別人的建議也能帶給自己新的靈感與動力，每次給建議就像在回憶過往的經歷，而這回憶給了我必要的動力。

- 收集你的偶像與榜樣的短篇傳記或正面博君一笑的文章，放在文件夾內，註明「**加油小本**」，低落時拿出來溫習。

- 幫自己把喜歡的**裝備**弄齊全，例如一個全新液晶螢幕，或漂亮的鋼筆，或好的平板和記事簿等，如果工具是特別為學習或工作買的，人就會特別珍惜。

- **堅持**下去。堅持為最基本的成功要件，想想愛迪生，他成功發明燈泡前，需要無數次的試驗。他說：「成功是百分之一的天才與百分之九十九的努力。」其他人也強

調自律與堅持的重要性，博恩·崔西說：「成功需要希望、下決定、自律與堅持。」

預防烏雲罩頂：試著過舒適點的生活

人永遠都不該忘記生活！無論多狼狽，每天享受一件讓自己快樂的小事，如買一束花、健康的早餐、打電話向朋友問好，這都會讓人振奮起精神。若人能每天少量的享受生活，那種感覺到的放棄犧牲就不會太大，人更能在工作時倖存，有一切都保持平衡（像生活電池一樣），因此：

- **速成獎賞**：不是巧克力啦！而是泡澡、看場電影、兩人夜晚，工作與學習是為了要有樂趣，因此別老是推拖一些愉快的事。
- **迷你旅行**：幾小時或一天的迷你旅行，讓你能完全關機或放鬆，無論是健身或桑拿、跳舞整晚接著優閒的週末或到海邊的小旅行，這樣自我准許的體驗會留在腦海。
- **交替變換**：只有少數人能自律地過著每一天、在一個地方做同樣的工作，對生活電池與生活適用的，也適用於你的腦部與神經組織。變換對你個人好，也有益你的活力，並能沸騰激化你的動力，更能預防情緒波動。短期變換可以是換地方、工作內容或職位，中期可以是重新組裝你的每顆生活電池，長期則是自己去找尋新挑戰與

新任務。

· **激勵的電影或音樂**：音樂能讓心情大起大落！因此我有一連串特別針對鼓勵與勇敢的播放清單，其中蒐羅了讓人激動奮發的歌曲，像約翰・史特勞斯的《拉德茨基進行曲》、柴可夫斯基的音樂或詹姆士・龐德的電影和《不可能的任務》等。

· **閉關修練**：危急關頭時，禁止別事干擾，只做重要任務，到書桌前開始動工，自我承擔義務是成功的一半。

還有，人說《小王子》的作者聖修伯里被太太關在房間裡，必須寫滿一章才能出來，你說，這算不算真愛呢……

17 尋求回饋

當無法真正評估，我們的行為有何種成果時，對某件事的投入程度可能因此受到動搖。工作時間久了，卻完全沒能得到其他人的肯定，成天就只對著工作上難解釋的標示，噤聲似乎已成習慣，沒有人願意直接說出意見。德國正好有這種不言明的規則，「不抱怨＝讚美」，每年的工作目標談話，無法讓人快速反應。在大學裡，老師對你的表現吞吞吐吐、三緘其口，有時有成績，幸運的話還附贈兩句評語，否則學生多半只能在黑暗中摸索，「我的第二題或第十二題是不是寫錯了？不曉得……」人又怎能針對弱點加以改進，或知道自己的強項在哪裡。

我在寫碩博士論文時，有幾週的時間，完全無法理解我的指導教授在想什麼，更不知道自己是不是走在正確的路上。我希望教授至少給我一句話，這樣才能有效率地工作下去，但往往是我得一再等著絕望的電話、瞧著沒有新郵件的電子信箱，這日子真是沒啥動力。別人的評語是必要的，為了成功，為了不在一個沒有氧氣的世界生活，從老師、朋友、同事探探口風吧，了解他們對你的印象，問看看：

• 「你覺得我們的合作生產力高嗎？」

- 「其中什麼好、什麼不好？應改變什麼嗎？」
- 「事實上，你真正期待的是什麼？」

想得到同事、同學或朋友對你的真正評價，採取**開放態度**是最好的辦法。你可對他們優雅地說，什麼阻礙了你的工作；另一方面，自己也要能接受這樣的評語。這樣人才有機會知道未來該怎麼處理會更好，評語是好是壞，反倒其次，應該中立客觀地看待評語，不要對人，而是對事。負面評語同樣具有激勵作用。我記得某次的廣告工作，沒什麼反響，這當然不好，卻也顯示了這不是條對的路。

去**應徵面試**是個好方法，可以藉此聽聽別人怎麼看待你的生涯歷程。為了訓練和了解自己、測量自己的機會與價值，有事沒事就去應徵報名（包含實習、獎學金、競賽等）並非壞事。誰知道呢？也許會有結果哩！

試著把所學的知識立即**應用**，三年刻苦攻讀抽象的理論，所為何來，若因此失去興趣也不難理解。和人靠著討論「學這到底要做什麼」，你會注意到理論可以成就什麼或用此概念可以論證什麼，還有何處會有瓶頸，把想法寫下，黑紙白字能讓你的思路清晰，並將理論化為實際。

得到批評能讓你進步，同時規則 8 裡的「生涯歷程日記」

或其他的方式，像接下來的「進步有多少」這個方法，也能對你有所助益。

進步有多少？

「進步有多少」是個可以控制任務進度的方法。首先把任務具體寫下，並將其劃分，例如工作的時間長度、設下里程碑、要學習的主題等。把它們化成圖表、進度圖，抑或畫在假想的溫度計上，或像尺一樣的圖，最好能剪下來，然後就可以一天天地畫出你的進度，那便是你的進步。你會像小朋友拿到耶誕月曆一樣，隨著耶誕節的逼近，每天戳破一個日期，得到日期格子下的禮物般興奮。

例如左下圖就是我用「進步有多少」這個概念，靠它將我的論文寫作切分成許多小部分（進行訪問、抄寫、編碼等），每個小部分都有目標，像是對於進行訪問：我想要做到十個訪問，這樣的圖表有助面對艱難冗長的任務，因為你至少看見，自己每天都在向前進步。

右下圖列舉的是時間進度表，這是當時我為了每週花二十小時在博士學程上而設立的，我每週寫下工作時數，並與原來的目標數比對，立刻就能看出是落後，還是領先，這讓我有超大動力再多花一小時努力，並重整做事的優先順

序，連自己都很訝異，這個我原本全無具體規畫的博士學程，瞬時間變得具體，而時間在這冗長的過程裡，突然又變得充滿意義、分秒珍貴，此後，我一路快馬加鞭，寫作也隨之加快。

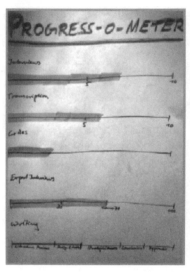

月份	週數	實際完成	總計	應完成	結餘
一月	1	15	15	20	-5
	2	20	35	40	-5
	3	18	53	60	-7
	4	29	81	80	+1
	5	13	94	100	-6
二月	6			120	
	7			140	
	8			160	
	9			180	
三月	10			200	
	11			220	

左圖讓你創意式地主控你的任務，是個提供你對每一步驟進程反思的例子。右圖則是個純以數據來掌握你工作時數的例子。

18 培養能力

如果一件事辦成了,再做一次應該不會有什麼問題,但若是沒做好,我們就會逃避,而這樣的學習機制一樣會轉移影響到我們的動機。這就是所謂的「正面強化」:誰覺得某件事辦得成,他就會試著再做一遍,因為能夠掌控任務讓人愉悅,並減少他的觸碰恐懼,所以,有能力的進行某事物是鼓舞人心的,因此:

- 努力去找讓你有興趣的事,還有擴展技能的事(如演講、寫論文、速讀)。盡可能地使用與加強這些技能。
- 找出適合你的任務或科目。缺乏動力,下場往往讓人不忍卒睹,當對職業、學業的想像與實際漸行漸遠時,挫折隨之產生。

許多人達不到過高的期望,但一點點的進步與成功卻會改變自信,讓人嘗到甜頭,想再繼續下去。也就是說,成功會帶來成功,因此不必一開始就想一步登天,最好立下合乎實際的期望,慢慢積累,然後超越。過高或過低的要求,都在謀殺你的動力。

怎麼培養自己的能力呢?盡可能的常練習,如自動把明年

預算計畫攬到自己肩上，若你想培養另一項技能；在售貨訓練後，立刻打電話騷擾二十個客人；大學教育是一個嘗試各種技能的玩具反斗城，你可以寫篇專業文章或投稿雜誌，第一次最好先寫給自己，這樣你會學到如何邏輯連貫地表達自我，然後挑戰自己、自願報告、克服恐懼，再進一步，去修改投影片風格，參加修辭課程，不久你就會嘗到成功的滋味，覺得有趣，然後不知不覺中你也成了口若懸河、讓人點頭如搗蒜的說話天才。

19 確立生活習慣

我們的短期記憶有限，像在同一時間要注意五樣事就很難，拿購買清單來說，你有一大堆東西要買，遠超過七項，你會很容易就忘記其中的一、兩項。同樣的，好意可能不被注意，卻被扭曲造成了誤會，因為人沒有足夠的能力，把全部都放入思考當中。對這樣的注意力瓶頸，可以靠著培養固定的習慣來改善，因為固定行為後，你不太會再質疑。只要演練走過一次，變成習慣後，你也不需要動機了，因為習慣已養成，也就是，只要推一次向前，事情便會自動運轉下去。

班傑明・富蘭克林之法

富蘭克林為了要對付性格上的弱點，每個月都會做一件新鮮事，並花一個月的時間專注其上，直到它們變成習慣，富蘭克林的原則到今天都還適用，例如你每次都生氣自己又忘了什麼事，那就把這件事當作最首要的任務。例如我從來沒法固定游泳，夜深時，頸背痛的我，卻還坐在書桌前，雖然知道再坐下去也是不會有啥效率的，但我已經習慣。何解呢？唯一的可能就是去做，因此我花三個禮拜，每天晨泳。一開始很勉強，但身體很快就知道，游泳實在

太舒服了，原我在兩件事情間本就會需要暫停、有個空檔，所以利用空檔來游泳，並未花我太多時間，相反地，游完後，我神清氣爽、精力百分。

每週都做新的事情，直到你建立十種全新對你好的**例行程序**。有想法了嗎？若還沒，那以下是些良好的生活習慣，你可以嘗試著慢慢將它們放入生活，例如早上去健身房一趟、買全穀物麵包、每週打電話給疏遠的朋友、每週末過個浪漫夜晚、每週下廚一次烹煮健康的餐點、定時躺在吊床上放鬆、早睡早起、不搭電梯多走樓梯、每天食用新鮮水果、每天用點愉快的事物寵愛自己、吃維他命等。

　你還想得到其他良好的生活習慣是你可以建立的嗎？如騎腳踏車而不是開車上班、每天早上花十分鐘擬定今日計畫、下班後散步二十分鐘、午休時間到公園走走、生日時來個 SPA 水療等等。

這些習慣有助你的幸福，若是能固定於某段時間的話，像是早上、中午、晚上、週日、每個月月初或月尾等等，會讓你更容易做到。同樣值得推薦的是合併兩件習慣，例如刷牙時用牙線，記得「小事情可能有大效果」，有些生命就是因為錯誤的進食方式與運動習慣，可悲地少活幾年。

特別有效的是起始儀式

心理學家巴夫洛夫試著訓練狗，讓狗聽到鑼聲就流口水。人腦也是種習慣性的動物，可以加以訓練。你坐在書桌前，不需要鑼，更有效的是固定的時間與良好的起始儀式，像是卡布奇諾、散步或放鬆練習，用這些來調整自己進入工作狀態。

20 克己振作

時間管理，最重要的原則就是，即使環境明顯不利於工作，你還是能一再激勵自己，因此，這裡還有些連哄帶騙的招術。

盡早動工

許多人需要一定壓力才能工作，有意或無意的喜歡被踹一腳，也許他們有最後一分鐘才把事情處理完的經驗，並自豪能夜間加班工作，然而這並非聰明作法。改變你的態度，早點動工的好處有：第一，你可以早點發現錯誤，並改正它。第二，壓力阻礙我們的思考，就像一個滿滿的硬碟，處理器無法釋放他的潛能，且壓力讓我們缺乏創意，並犯更多錯誤。第三，早點開始，也才能長期計畫，並從同事那取得幫助（不必在交件當天讓同事充滿壓力）。第四，當知道你需要什麼資訊，就會開始留意它，翻雜誌、聽新聞或遇到清楚該資訊的人，資訊自然就出現。

還有，一件事不要想太久，否則就會擔憂、人就會懶惰，有個**七十二小時規則**：當我們在七十二小時內，尚未對目標踏出第一步時，也許就不會再有顯著的改變了。

坐下來

特別是在假期或週末過後，再回到工作或回神很難，因身心仍處在放假狀態，收心可不像開關燈那麼容易。這與惰性有關，也和一個引力相關，這引力就好比，當我們疾走時，就不容易停下來，我們就處在這快速的節奏裡，一種**工作的節奏**裡，這種節奏讓我們留在軌道上，如果我們真的放鬆下來，再開機要上軌道就很難。這時，就需要自我意志當作動力，拉我們一把。

舉例說明，你硬坐在書桌前一個或一個半小時，強逼自己不准站起來，即使你感覺這樣下去也不會有多少效率的，但只要你在書桌前堅持下去，處理點任務、試著概覽、翻找文件、寫下第一個想法，時間到了，再讓自己先暫停，隔天下午再開始。你會發現，你已經能進入工作的細節部分，亦即有較切實際的小目標。三天內練習三次坐在書桌前，每次兩小時，到了第四天，神功已成，就不覺得坐在書桌前要專心有何難的。原因就在，人是種習慣性動物，而我們只要訓練自己聽從「繼續工作」的指令，就會習慣了，聽來很冷酷，但不失為快速上手的可靠方法。

決心一搏

模糊的想法與希望很難實際執行，所以，把自己和這想法綁在一起，讓自己避無可避，像是在日記上寫下里程碑、和別人說你的計畫、製造阻礙讓自己沒有退路或去報名參加有約束力的考試及課程，就能喚起你破釜沉舟的決心。因為，如果你已朝一個目標走出幾步，就不會想讓投入的心血無疾而終。

監控

當自己的老闆，並控制生產效能。三個方法供你選擇：**碼表**，記錄你學習開始與結束的時間，這樣的監測讓人容易自我檢查。**日記**，堅持在日記裡訂下學習時間，這樣一來就知道在工作上所花費時間，也會覺得自己很厲害，能做好多事。**紀錄本**，在全部計算完你的工作時間後，給自己畫個微笑或評分所感覺的滿意度，以及你成就的質與量。

為早晨強力揭開序幕：準時起床的好方法

- **讓咖啡香喚醒你**：有同事在晚上就會設定好咖啡機，早上時間一到即運轉，咖啡香不久便瀰漫整間屋子；另有個大學生也很幸運，她住在麵包店旁，每天都被麵包的

香味喚醒。

- **和同住的人打賭**：誰賴床時間較久，就要負責購物、洗衣、煮飯，總是有許多可做的，所以每天快快起床吧！

- **扛下責任**：誰負責叫醒對方，就要對兩個人都賴床負責。或者約在學校、辦公室。有兩個學生約好，九點若沒出現在圖書館，就要給對方買杯咖啡，這對學生來說可是一筆不小預算，結果是，六星期都認真學習，沒有一天不見人影或姍姍來遲。

- **和人相約**：巴士每小時一班，你還不趕快？要不就訂下五個約會：牙醫、讀書會、諮詢等，有外部的職責和義務，比較不會讓人躺一整天。

- **把鬧鐘藏起來**：經典。最好把兩個鬧鐘分開放，最近聽說還有會跑走的鬧鐘（是真的）。

- **早點上床睡覺**：這樣就會比較早起，男友或女友也能同時起床。

- **開窗戶睡**：讓太陽照在你臉上，結束做夢，或者聽聽外頭正上演的尖峰時刻。

- **和要上班的伴侶一塊起床**：兩人早上有些共處時光，而且睡眼惺忪時特別可愛，不是嗎？

- **四人公寓只有一間衛浴**：不是第一個起床的人就沒有機會啦！這可不是要勸你搬家……

- **飢餓**：誰還能安靜沉睡，如果同屋簷下有人早上餓得像鬥牛犬般嚎叫，嗯，晚上禁吃消夜。

· **熱水澡**：帶給你活力，身體健壯的也可試試冷水澡，若還有人到現在都叫不醒 ?! 那真得也算了……

訓練營：訓練你設立目標

生活電池：1、將上週所有的行為記錄在本子上。2、算出你的時間預算：二十四小時減掉睡眠時間（例如 24–8 ＝ 16）。3、算出你可分配給每顆生活電池的時間，你要花百分之多少的時間在哪顆生活電池上？ 4、你滿意嗎？你該如何重新再調整、改善與結合它們？

決定未來的景象：畫出目前的情況，你看到什麼？誰在你身邊？你做什麼工作？現在看著這張圖，你滿意嗎？這張圖實際上應該是怎樣？必須改變什麼，梵谷才會再世？重新畫張未來的圖，並把它懸掛起來。

寫出三年後你的履歷：它應該是怎樣的？你在哪方面特別擅長？你獲取了哪些經驗與重要能力？你已完成了哪些實習？你會說哪些語言？

畢業慶祝：除了履歷，你希望在個人方面也能有所改變發展？想像你的畢業狂歡，誰會和你一起共度？誰會恭喜你？

朋友們怎麼談論你？若是回顧過往，你做了哪些瘋狂的事？哪些是最美的體驗？你完成了什麼挑戰？

目標：寫下十個目標，有可能是重要的短期（一星期）、中期（一個月）或長期目標（一年）。把這張紙條一直帶著，你會驚訝，極快地就完成大部分的目標並刪去，只要你利用機會。

首要之事：哪個工作或任務對你的目標會有最正面的影響？如果你據實完成，哪個目標對你的人生會產生最強大的影響？定期花幾分鐘來重新檢視這些問題。

你的標靶

這張圖表是這一篇章的關鍵字復習。利用它來決定你可以改善的潛能。用筆圈出你的弱點，填入更多想法與實行步驟。

決定內在動機與願望

　　　　　　　　　　　　寫出個人使命

　　　　　　　　　　做信念測試（見網站 studienstrategie.de）

　　　注意並履行自己的話語

　　　　　　　　　　　將全局一覽，並更相信自我

　　　　　　　　定期為生活電池充電

更系統化地在具體目標下工作

　　　　　　　　　　給朋友、身體與嗜好興趣更多時間

　　　　　常微笑

　　　　　　　　　　做一幅用激勵的圖片湊成的拼貼畫

　　寫下目標並懸掛起來

　　　　　　　不要被消沉與學習停滯期矇騙

不久後讓自己來場迷你旅行！

　　　　　　　　證明我的毅力

　　　　　　　　　　　　建立十種儀式

　　製作激勵音樂的播放清單

　　　　　　　　　　　　靠著坐下來自律

使用「進步有多少」之方法

　　　　　　　　找尋導師或同事交換意見

定義出最重要的技能並加以打造

　　　　　　　　　工作時利用倒數與時間限制

你的下一步是什麼呢？

_____

_____

_____

_____

_____

三不五時激勵自己的獨門祕方

實現你的夢想：落實你的希望，並將其轉變成目標，只有
讓人充滿期望的目標，才能持續推動你向前。

放掉腦內手煞車：沒有理由認為你比其他人更不漂亮、更
不聰明、更平庸，也沒有理由認為你做不到什麼特定的事。

把生命當平衡木：身體努力想平衡。把你的活力分配在五
顆生活電池上，它們會給予你力量、成功與滿意。

生活各領域皆立目標：目標有極大的吸力，會推著我們去
執行。

腦海中浮現目標的畫面：當你想起目標並把目標置於眼前時，目標會釋放出全部的力量。

接受情緒波動：走上峰頂的路會有崎嶇與深谷。接受走錯路，把低潮當作是征途的一部分，而非繞道。再者，放鬆是張力的一部分，偶爾讓靈魂歇憩，否則他們會造反。

尋求批評建議：自我形象與他人眼中的形象常極為不同。請老闆、教授、同事、好友給你的成就一些評判。利用「進步有多少」的方法來記錄自己的進步。

一步步建立能力：大師不是天上掉下來的。成功與完美都是持續在自身能力上投資的結果。

確立日常流程與習慣：例行行程是最好用的引力，一次到位了，就會自動引導你的行為。

開始吧！ 進食時就有食慾，行為時就有動力，不是非得等到對的一刻，而是有目標地投入到你的任務上。

下單元將你學到：
合併你的行為活動／列好優先順序／變得更有效率／充滿意義地計畫你的一天／更加善用時間／下正確的決定

第三單元：時間管理

事分輕重緩急，切勿成為「緊急」的奴隸

完成了同事的請託事、檢查電子信箱、草擬想法、寫報告、打電話給客戶、與老闆磋商、閱讀專業書籍……而生活上的各種事就像青少年趕著去搖滾音樂會般蜂擁而至，我們在進行任務時如何保持一顆清醒的頭腦？

「真正重要的事情」與那些「表面看來重要的事情」有其本質的不同。當我們想要處理真正的主要任務時，許多表面上看似很急的事物騙取了我們的氣力。奸詐的是，這些小的、不重要的事，偏偏比那些重要的銷售策略或論文更具體。小事情變得更有誘惑力，似乎可以更快處理，然而，迅速地投入在這些瑣事的人，隨後會發現自己沒有時間、也沒有體力再去應對大的難題，因已油盡燈枯、蠟炬成灰，是時間把程序反轉了……

21 畢其功於一役

試著在進行一件事時，推動數個目標！當兩個目標彼此能相互灌溉，這就是目標間的雙贏。有些目標是彼此衝突的，但也有些目標彼此可協調，我們就該利用這樣的雙贏效應，一石二鳥。

以我個人為例，準備考試時，正在為某個競賽寫論文，在這篇論文裡，將兩個學科的內容合併。因為這一篇論文，我被邀請去參加一場會議，完全沒耽誤到學習時間。相反的，因為使用學習得到的資訊，明顯地助長了我的記憶。

另一個例子是，我在學業完成後有四個選項，彼此看似不相容：我可以工作，或繼續攻讀博士學位，但是，我也想讀另一個心理學方面的學位。第四個選項則是繼續另一本書的寫作，而且這是我最想馬上進行的，但……也可以日後再看看。於是，我進退兩難，必須做決定，並且選出一個，那也代表將失去某些好處，如果念博士就不能賺錢。再念一個心理學位，可能就沒時間寫書了。若當作家的話，必須微薄度日，怎麼辦呢？我於是想出了一個方法，這符

合一句猶太諺語：

「如果你有兩個選項可選的話，就選第三個吧！」

這隨即化解了煎熬中的我。現在有四個選項，我試著整合它們，然後可以在每一選項裡都實現一部分。瞧，帶著卓識遠見，一個誘人的整合出現。我決定攻讀博士，因為我不想失去衝勁。博士學位讓我有一定的空閒能寫書，然而要累積實務經驗，就必須在一個公司為兩個工作項目擔任顧問，此外成立自己的出版社，以及一年教授約二十五堂的研討課。要是我做的是全職工作，這些豐富多元的工作內容便無法擁有與實現，那心理學學位怎麼辦呢？這會變成準備博士學位的一部分，我先申請了一個研究型的碩士學位，攻讀內容包含百分之七十的心理學與百分之三十的研究方法。這會在倫敦進行，因為在英國碩士只需一年就可完成。非常密集，但我同時也能把我的時間管理、閱讀與學習技巧再完善並繼續優化。這些便是我目前所寫與正在研討課裡講授的主題。原本要分成好幾次進行的事情，竟同時都搞定了。

利用目標雙贏的原則來留意查勘，相當值得。這是最有效果的**效用原則**，因為洗一次碗盤就清掉了小山，而不是只洗淨一雙筷子，充滿效率地同時處理了許多事情。

要是你能一箭雙鵰，靠著做一件事情同時達到許多目標，這其實就是有效率的表現！然而，有哪些目標可以同時靠一件事完成，可能不是那麼明顯。有時必須靠你主動來創造機會。例如可以和教授約好，你用自己在一家公司的工作經驗當成論文主題的一部分，然後把論文摘要在專業期刊發表。或者你可以試著與老闆談話，協商他給你的任務，以便特定的個人學習目標能同時更快的實現。嘗試永遠值得！為了要在兩個彼此看似排除的選項裡，找到第三種可能性，永遠會有一條路，把這兩方面彼此拉近，這就得靠你的智慧了。

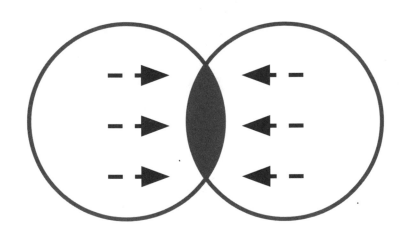

如果你有兩個目標，你的工作應該盡可能地滿足這兩個目標，也就是說，你的工作是這兩種目標的交疊面，並且盡可能讓交疊面最大化！

當然在你其他的生活領域方面也有可能把捕蠅網拉大，完成許多一舉兩得之事。

- 例如實習讓你能洞察一家公司，有助於摸索職業方向，另也能助你建立連絡網及一點收入。
- 或者在你讀過的高中來場演講。這樣的交流有助建構主題，從其他角度觀察，也能藉此獲得寶貴的反饋意見，並溫習報告的呈現技巧，在公司裡得到年輕人的支持。老闆樂見於此！
- 同樣的，當你在預算計畫裡自願支援，會讓人印象深刻。此外還能了解一家公司，而你也學到如何更好地處理數字。這讓你對更大計畫項目的接手做準備。
- 靠著副業可改善收入，並累積在新領域的經驗。很多人不滿他們的工作，卻不清楚自己究竟想要什麼。靠著兼職，你可以測試自己的興趣。也許你可以試著在展會工作，或幫助自立門戶的朋友。
- 你知道嗎，有些地方可額外申請給薪的進修假。你可以利用它來上語言課，或在夏天的義大利學習時尚與繪圖課程（例如在 lorenzodemedici.it）。把你的能力提高，深刻了解你所在的產業，然後樂見多元化。
- 身為 eBay 的賣家，可以靠著出清賺錢且累積類似在公司的經驗。或者你屬於跳蚤市場型，喜歡與不同人接觸，在學習售貨技巧中發現樂趣。

- 「微圖庫」是一個魔法字眼,靠著它,你可以用你的攝影愛好賺錢。在網站 fotolia.de 上製作好的圖片,或是上傳圖片到 istockfoto.com,就樂等第一筆營業額吧!
- 一個朋友不讓頭腦閒著,她決心註冊課程。如果現在沒時間學習,那什麼時候才有?
- 你是位天才型舞者、體操選手或功夫戰士嗎?人永遠都有對課程的需求,當然在你的母語上亦是如此,利用這些天分來教學吧!
- 有時在執行工作的過程中就會有好的機緣,當我在倫敦時,認識了一位美國人,其中一個朋友的朋友需要德英翻譯,於是居中的我賺了一筆急需的零花錢,同時增強了英語能力。
- 你喜歡旅行嗎?也許你能試著找個小的線上商店進口商品,只是為了實驗。也許當你突然有個爆炸性的想法,然後身邊也有了工具、經驗、對外連絡管道等,這樣導火線便能真正引爆。
- 研討課的學員常說,他們在分析自己的生活電池時,注意到做義工讓他們非常開心。「雖然花時間,但幫助別人和偶爾做點不同的事,真的對我有益。這時間值得投資。」

總結:事實上,我們做自己喜歡的事做得太少,因為我們認為沒有時間,但是這些事對我們的滿意與創造過程卻很

重要，並且比起那些喜歡的事所花費的時間，它們能給予我們更多正面能量，因此把動力來源與更好的生活感算在內，你會發現這樣的算法沒錯！

試著從兩種相對的選項裡產生出第三種選擇，讓這第三種選擇把這兩種相對轉成兼容並蓄。

22 先處理棘手的

早上起床，看向時鐘，結果太驚嚇了！鬧鐘似乎兩小時前響過！而第一堂課現在去太晚了，先吃早餐吧。倒楣！只剩牛奶，「去一趟超市好了。」在超市遇到可愛的鄰居，於是與她喝了杯咖啡，哎呀，公車已在轉角消失不見，沒法去上第二堂課。好，今天就是「學習的一天」！回到家，網路廢了，看看櫃子後方，是不是插頭沒插好，櫃子後頭亂得像被閃電擊中，於是打掃一會兒，好，掃完了，再坐到電腦前，耶！不錯，網路又通了，兩小時後，覺得肚子有點餓，弄點麵包當晚餐吃，而共用的廚房裡有隻蜜蜂飛來飛去，有兩隻、三隻……明天早上才要飛出去嗎?!好，看似如此……

沒錯，我們都喜歡消磨時光。隨時歡迎分心，而內在的軟弱正樂著，又找到藉口了，因此我們要百般阻撓這軟弱，早晨**首先**就立刻處理最重要的任務。無論又發生什麼，能確定的是，至少你已完成一部分重要的任務。此外，當你已開始動工，坐回桌前也更容易。

就像交通，在時間管理上也有清楚的正確規則，最重要的規則是，從需要縝密思考、最雜亂與最令人不舒服的任務開始處理。

思考無疑消耗許多能量，我們的大腦重量雖只占體重的百分之二，卻需要整體能量的百分之二十。因此不難理解，頭腦欲避免能量浪費，只處理小的、極快能處理且免除縝密思考的事。而在**瑣事模式**裡，就很難再退出，因為已激發出一個特定的思考方式，就像買菜後立刻進廚房，抑或在收發電子郵件後順便線上轉帳，與再重新開關機，然後認真地對某個工作項目思考比起來容易多了。為了要阻止這種瑣事的吸引力，早上最好立刻就打開你的**思考模式**，如此一來，你就明白「今天是密集工作的一天」，軟弱便會夾著尾巴跑遠，不再滋事擾亂。縝密思考的工作，讓我們腦部的特定區域被激發，且注意力集中。

即使當我們在一小時的思考後，被打亂或收發電郵，再回到這重要任務，對我們來說很容易。但要是當我們從瑣事開始做起，就錯過了這開啟思考模式的衝勁。這**衝勁**就像是磁鐵般把思考再度吸回重要的工作任務。於是在當中休息或處理其他日常任務就不那麼糟糕。而在中斷後我們可以更快地再進入，或是用新的角度再審視事物。因此只有早晨時就餵給頭腦資訊和問題，才是聰明的作法。

先吃掉青蛙

而這一切又和青蛙有什麼關係呢？這是從一位美國管理學家的話而來的，他把一個類似的概念稱之為「先把青蛙吃掉」。為什麼是青蛙？我如此聯想，青蛙滑溜，很難捉住，呱呱叫地響亮，並且吸引許多注意力。而當你想著立刻就要捉住牠時，牠隨即彈跳走。於是青蛙就象徵著一切讓人不愉快的任務，並且總是往後推遲，像薪資談判或對考試的準備。這種持續不舒服的感覺，削弱並妨礙我們對其他事物的注意力。

如此處置你的青蛙

- **鑑定物種**：青蛙可以換裝。你的青蛙是什麼呢？是最強大、最讓你不安且最耗時的任務嗎？
- **把青蛙切薄片**：當青蛙太大隻，先處理一部分，並找救兵吧。
- **把食材放桌上**：晚上時把明天最主要工作放到已清理的桌面上。無論發生什麼，明天你一定要馬上著手此任務。

23 拒絕干擾的藝術

保護自己！你是職場菜鳥或可憐的實習生嗎？那你就是各種不愉快與最瑣碎、別人最不願做之工作的最佳集散地了，可惜你位於公司食物鏈的最底層，沒有太大空間。然而當所有人只是不斷委派工作給你，你得決定，自己真正的職責是什麼。

暢銷作家史蒂芬·柯維對此有個好建議。他描述有個工作人員，老闆想用新工作來強加於他，他給老闆看了份手邊正在仔細編寫的工作計畫，然後說：「我當然很樂意為您處理新的工作。但相對的我應該要把這手邊工作計畫裡的什麼給去除呢？」老闆目瞪口呆，便去尋找其他的犧牲者。

小心潑猴攻擊

猴子從何而來？這個比喻來自一本管理書，在其中肯·布蘭切特建議，把令人不快的任務想成猴子。牠坐在同事或老闆的肩上，只等著機會來麻煩你。如果你接受，這隻猴子便會跳到你身上，而你就有著這不快的任務，並被牠困住。這比喻令人印象深刻，以致某些美國公司的員工會吶喊：「把你的猴子留在你身上！」這是個玩笑式的方法，

能讓人專心於自己的工作與首要任務，並優雅地對其他人說：「不，可惜現在不能這樣了！」

大學時，「你可以幫我嗎？」的情形所在多有。輕信受騙的我們，便認真地弄著件沒有結果而別人獨自就可完成的事。這對許多人而言是很難說「不」，於是便造成有意或無意地被利用。這樣的問題你應避免。否則最後你就又是唯一做著分組報告的人，或那位，夜深還在為客戶修改差勁報告的人。

這比喻又讓我聯想到各種小事拉走你的注意力，就像「猴戲」，想看完這場戲，但其實沒啥意義且浪費時間，這意謂我們喜歡在瑣碎事情上停留太久、對一些無法改變的事物懊惱，例如在早餐桌上進行深度改變世界的討論、在學校餐廳裡關於某位同學的流言、在飲水機旁對於女同事新穿著的推測或許多是在晚餐時搭配紅酒的娛樂性東西，卻無法讓我們在工作上向前的東西。

學校、辦公室及自家食堂，有時都像叢林，在這種生物前保護自己：是猴子，還是八卦天后，他們都可能讓你因為小事或耗神的擔心暫停下來，而無法處理事情。因此關心好你的工作項目，利用每個機會逃生！每個人都有自己的方式從容地從討論起身，或者自我劃定界線。可用的逃生

伎倆：

禮貌式地回答「不行」或拒絕

當對方問：「等會兒我結束工作後，打電話給你好不好？」此時回答：「抱歉，這回我真的自陷壓力中。」或對方說：「也許我們可以一起做這份工作，就在我們把我的新公寓油漆後。」此時答：「嗯……我很想，但今天我和人約了，也許下次吧……」其他選擇：說你在考慮，還不能立刻答應。晚點再友善拒絕。（這與當面拒絕，立刻在頭前爆裂，比起來不是太冷酷。）

逃離滔滔不絕的多話者

 假裝有壓力／不舒服／有約／有電話等等，或說在角落看到一位老朋友或是誰走過，要立刻過去，「我們晚點再說好嗎？」等等，抑或等到有第三者加入談話時，便悄悄離開。

最後再清楚闡明，這不是說要變成一個社交怪獸，只是把工作與私人時間分開，也把對彼此展現興趣的簡短聊天與不重要的聊天分開。傾聽每個人並給予建議是好事，但當你注意到自己持續地被濫用為意見箱時，就該下結論了。

當你容忍一切時，最後你就是那隻猴子。

24 善用時間

如果你不動手處理你的任務,一切的計畫與理論都無用。
你一定知道「及時行樂」這句格言,這話說的是,今天你
可以踏出實現目標的第一步,今天你可以調整一切,「今
天就享受生活,不要看得太遠、夢得太遠,你活在這裡、
現在。」亦即,利用今天,不為已失去的機會而事後哀傷,
寧可再製造下個機會!

當一天沒計畫或草草地被計畫時,這天很快就會過了。每
分鐘都珍貴,無論是想做得更多或享受美好事物,無論成
就或放鬆,把時間分配給最重要的事情,並且避免因猶移
不決或無計畫而浪費了。

當我們沒有約、沒有外界壓力,能自律地過好充實的一天
是不容易的。自己在家當老闆或學生,一定能了解這樣的
感受,這時我們需要為自己規畫一張藍圖,在這張圖裡,
你可以用一個半小時到兩小時做為單位劃分這一天,然後
訂好每個時間區塊裡的目標。這樣工作起來就會更有條不
紊、更容易專注。在其中排好休息時間的空檔也是值得的,
你可以利用休息時間,對工作提問反芻,或累積其他新的
想法。

有效利用這一天

- 先從處理任務開始,今天要做什麼?什麼是有意義的?你要如何處理小事,或是把小事委派他人?

- 把事情一起處理(見規則 27)。

- 嚴格依照你的優先順序工作。問問自己:如果我不做這個會發生什麼事?當今天我只能做一件事,那會是什麼?今晚回家,我希望已經完成了什麼,才能心安?

- 有時你可以在下個休息時間再處理小事,如此一來就能將外界干擾降至最低,此外,因為有時會有出乎意料的事發生,所以可安排一些緩衝時間在一日的行程裡。

- 休息時也可以做做日常瑣事、或分配給支援型電池裡的任務、或煮飯、或做些和工作不一樣的事來轉換心情。

- 每天結束時回顧一下,想想你達到了什麼目標?什麼可以變得更好?

每日計畫範例

時間	行為
	早上規畫，回憶當日目標
9:00-11:00	第一格：最重要的工作（第一部分） 縝密思考的事物
	休息片刻：文件分類
11:15-12:30	第二格：最重要的工作（第二部分） 簡單點的任務
	中午休息，給予時間、放鬆
13:15-14:30	第三格：溝通與支援型電池的任務 打電話、電子郵件、談話、處理日常事物
	喝咖啡休息時間、散步、私人電話
15:00-16:45	第四格：處理工作任務 例如小的計畫、查閱追蹤
	休息片刻：放鬆／與同事把事情弄明白
17:00-18:30	第五格：其他事情 嚴格根據 20／80 原則處理
19:00-21:00	家事／健身／社交 共同晚餐、處理、休息
21:00-23:30	空閒時間 或者溫習學習資料與讀一些簡單文章
	亦可計畫明日／個人每日回顧

25 每週計畫

說到計畫時，不少人就會哀嚎連連，計畫並非死板的束身衣，它更像是個大螢幕，上頭顯示了這週你與別人的約定及工作任務，在這樣的螢幕上，你看得到自己容易忽略的任務。因此，設定好你的計畫，然後平均地分配好工作，這樣就能更準確地預估進度，知道何時休息是有意義的，這樣行動也會更敏捷。因此，每週開始前就好好地思考一遍，哪些東西要安排在在何時最有意義，這樣你就能全心全意地執行任務，並減少猶豫的時間。

通常今天的安排可能會與明天完全不同：今天週一可能有重訓，明天週二可能有舞蹈課，而週末要去滑雪……但很多事卻是每週重複，所以你可以用每週的計畫來調整流程，這樣就更能善用時間。請使用這一小節最後的流程表格，填入全部的約定日期，還有安排給自己的時間，像是學習、閱讀與放鬆，如此才能確保要花多時間在哪些疏忽的事情上。現在看看下圖的例子，左邊是你這週訂好在不同生活電池目標，而右邊則是你可以彈性安排活動的內容。

設立每個生活領域裡的每週目標與任務。主動撥出給自己的時間，尤其是那些過於短暫的事物。右圖以學業為例。

每日目標	週一	週二	週三	週四	週五	週六	週日
8:00							
9:00	經濟政治						
10:00		組織	學習	學習			同儕早餐
11:00	學習	媒體生態	學習		跨文化訓練	學習	
12:00				哲學	組織		學習
13:00	學習		學習			學習	
14:00		學習		法文	學習		
15:00	學習	銷售策略	學習				
16:00		組織	管理控制	兼職	家事／購物		
17:00	重訓				重訓		
18:00			舞蹈課				
19:00							
20:00						電影／划船／吃飯……	
21:00							策略／每週計畫
22:00							

追蹤：學業　支援型電池　聯繫　聯繫　身體　其他

給在職者的每週計畫

朱麗亞步入職場約三年，工作雖充滿樂趣，升遷卻極有壓力，因此她試著把白天處理不完的事情於晚上補完，在辦公室坐到夜深，最後往往很疲累。定期地錯過健身課，每週沒多少時間陪男友。直至週末才排滿購物、家事等。事實上只有週日可以關機一段時間。顯而易見，她對自己不滿、對這份工作不滿，都快抓狂了。

朱麗亞試著透過每週計畫架構時間，這樣就能立刻看清哪些任務重複發生，而能適時調整。她試著花更多時間在私人生活上，並訂好私人約會的時間。

- 首先有兩個行程**定期**在工作上出現：週一的團隊會議與週四的簡報。這些時間排在工作時間之後，正符合她對週一與週四這兩天的的期望。
- **要用頭腦大量思考的任務**會立刻提早處理。
- 只要有行程，她就會把這行程和午餐排在一起。不在暗的會議室待著，她常往外跑，氣氛也較輕鬆。
- 午休時身體處在消化時段，所以她會把**與人溝通的部分**推到午休後的時間。這樣打電話時，她已經吃完飯消化完畢，整個人輕鬆多了。而處理完事情厚，她會開心地與同事喝杯咖啡休息。同時利用幾分鐘彼此交換意見和

想法。

- 下午四點，約莫還有兩小時，**精力仍然旺盛**。她把處理文件與電郵視為挑戰。因為現在任務的時間有限，因此更能樂於工作。

- 週一與週三晚上是安靜時刻，她會好好**思考**，為了承受工作負荷，她樂於投資這三個小時以上的時間，同時週五也會早點下班。

- 週五晚上跑去購物，然後很快地做家事，**週末就有空閒**。同時依 20／80 原則進行。這不難，因為她漸漸累了。現在最好是看部電影放鬆、睡前將洗好的衣服掛好，然後開心入眠。

- 晚上是**只給自己**與為生活電池的身體電池充電所準備的時間。健身房課有意地選在六點三十分，因此這天就有了清楚目標，現在她利用週末去游泳與桑拿。讓自己能真正地放鬆。頸痛緩解了，也就能在一週內更加專注。

- 特別期待週三。即使看來有些沉悶，但這是約好的**兩人夜晚**。因為男友也有工作在身，為了不要再討論兩人何時都有空，一個固定時間是必要的，於是有個額外的放鬆夜晚，常常兩人之前都會墮落在電視前，現在試著在市區晃、吃點好吃的東西或玩迴力球。週末夜也排好外出或與朋友見面的時間，瞧，突然就有了時間給彼此。

- 早上、中午或工作後已排好足夠的**緩衝時間**。仔細瞧每週計畫，還有許多彈性空閒：如週一晚上完全有空、週

末下午來場博物館之旅或失心瘋逛街都有可能、週日是特別時間。而週二與週四的晚上也有空,在此她立下目標,每次睡前輕鬆時讀本非文學類書籍,或刻苦學習西班牙文,因為睡前背單字最有效果。

- 計畫表下方的欄位,她可以**合併**處理一切簡單的事務,如打電話或研究搜尋,可利用工作間的空檔處理。

- 以往週日時會擔憂地想著下週的工作,現在她則有好**習慣**:週末時盡情生活。把事情安排好後,用半小時想透下週有哪些任務?花多久時間?這個每週計畫幫助她有系統的思考:考慮哪些任務會出現,並填好待辦清單。然後估計時間長短,再歸類到下週。

圖表圖例（左欄）

主要工作任務
次要任務
次要任務
日常生活
私人
其他

電話　郵件　電腦　團體　其他

每週時間規劃表

時間	週一	週二	週三	週四	週五	週六	週日
8:00	思考型任務／概念	思考型任務／概念	思考型任務／概念	思考型任務／概念	思考型任務／概念	睡足 早餐	睡足 早餐
9:00	思考型任務／概念	思考型任務／概念	思考型任務／概念	思考型任務／概念	思考型任務／概念	睡足 早餐	睡足 早餐
10:00	團隊會議	特別任務	特別任務	特別任務	效率模式	游泳＆桑拿 休閒活動	朋友＆家人
11:00						游泳＆桑拿 休閒活動	朋友＆家人
12:00	組織／溝通	組織／溝通	組織／溝通	簡報	組織／溝通	游泳＆桑拿 休閒活動	朋友＆家人
13:00	組織／溝通	組織／溝通	組織／溝通	簡報	組織／溝通	游泳＆桑拿 休閒活動	朋友＆家人
14:00	效率模式／日常運作	效率模式／日常運作	效率模式／日常運作	效率模式／日常運作	效率模式／日常運作		朋友＆家人
15:00	效率模式／日常運作	效率模式／日常運作	效率模式／日常運作	效率模式／日常運作	效率模式／日常運作		朋友＆家人
16:00	效率模式／日常運作	健身中心	準備簡報	效率模式／日常運作	效率模式／日常運作		朋友＆家人
17:00	效率模式／日常運作	健身中心	效率模式／日常運作	組織／溝通	週末購物／雜事		
18:00			和海蒂一起放鬆 休息				
19:00	思考型任務／概念		和海蒂一起放鬆 休息				
20:00			和海蒂一起放鬆 休息		藝術＆文化		
21:00	進修／學習	進修／學習	進修／學習	進修／學習	藝術＆文化		計畫下週

這樣的每週計畫是理想典型，但不一定要鐵腕遵行。最重要的功用在於弄清楚，何時是哪件特定事情的最好時間，還有主動安排好時間給一些常被忽略、草草就結束的事物。以每週為基準，更切實地計畫，當注意到哪些時間已經排好該做什麼，就不會每天花時間，把沒處理的事物填在待辦事項。確定好的行程是可以調整的，讓整天都一目瞭然，在人被疲累擊倒前，電池就已被充滿，這樣工作、生活的平衡和自律效應造就極高的生產盈餘，使人滿意。（自律效應，是指當前有一個需要你用頭腦認真思考的任務時，就不該把收發電子郵件當成第一件該做的事。）

每週計畫與其他有助的資料可在網站 www.studienstrategie.de/download 免費下載。

定期填入行程，為圖右的生活電池寫下每週目標。

成就	身體	連繫	調和	支援	其他

主要任務	8:00	9:00	10:00	11:00	12:00	13:00	14:00	15:00	16:00	17:00	18:00	19:00	20:00	21:00
週一														
週二														
週三														
週四														
週五														
週六														
週日														

26 別讓枝微末節纏身

德國人天生帶有完美主義在血液裡：準時、清潔、徹底、講究細節到正確無誤。基本上，這些是帶人向前的正面特質。然而，只有少數任務要完美處理。很多事只要做了就足夠。完美主義的高標常常讓我們癱瘓，以致無法開始處理一件任務。

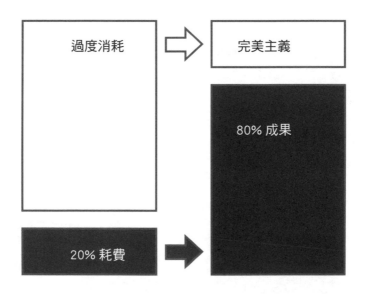

完美主義的代價是寶貴的時間。問問自己，什麼事是只要八十分就好？

根據 20 ／ 80 原則，人可以靠著百分之二十的成本與氣力，達到百分之八十的結果。這個原則在許多方面都適用：百分之二十的產品可達到百分之八十的獲利，而百分之八十的交通流量發生在百分之二十的街道裡。軟體使用者在百分之八十的情況，只用了百分之二十的可利用功能。這個原理在時間管理上特別適用，它說明一件事的效率不是必然以時間用量測量，而每人都知道當花了好幾個月掙扎努力死記後，居然考得比一位三天前才準備的同學成績差。或在公司喋喋不休的長舌公居然能得到更多的認可，只因他總在正確時間出現在正確地點。這些人不是如我們想的這麼懶惰，他們只是對真正重要的百分之二十的事物有更敏銳的感受罷了。

在國外念書時，我有機會練習這個 20 ／ 80 原則，於是我對學習效果做了各種不同的實驗：例如報告前三天才開始做，為此必須要讀兩本五百頁的厚書，因為時間短缺，被迫要集中注意在最重要的事物，看書時僅聚焦於重點，準備時把一切不必要的去除，只重視睡眠充足，以便能清醒地主持討論。這竟然有用！更極端的是一堂課的筆試，我一個學期只出現三回，對此我只在兩天內就死記手稿，並且得到近滿分的分數，最高分則只用兩天學習，我也暈了。對我來說這是個令人印象深刻的 20 ／ 80 原則的見證。

老實說，之後不管再有什麼事，我都不敢再用如此極端手法。想安穩一點，而不是偶一為之碰運氣。然而我更輕鬆了，因為以前我一定要給出百分之兩百的力氣，卻只到達百分之九十的成就。現在我更會想、更會選擇，並集中精力在真正會出現的事物上。如此一來，我的成果就跟著改善了。

別力求完美！永遠只想一百分會給自己不必要的壓力，最後還會耗費許多能量與時間。根據 20 ／ 80 帕雷托法則，這樣既不經濟也不聰明。別停滯在沒有造就合適價值的工作上，人應該要專注在有效果的工作，如寫有重點的電郵、用快速手柄把公寓打掃的乾乾淨淨。

當你下次第五回找著論文錯字，而論文其實缺乏的是結構時，或努力在報告上加些贅飾時，牢牢記住，利用時間最糟的辦法是做不必做的事。

工作菜鳥，可靠別人的意見或自己參透來掌握重點。如果在你公司還是會討論關於註解上的錯誤，我可能會認真考慮，此地非施主久留之地。

當許多東西得同時做，而時間資源不夠或達到一百分的成就無關緊要時，永遠使用 20 ／ 80 原則。往往一個「夠好

的解決辦法」已較一個「完美」的好多了，因為這樣一來，就有時間留給同時出現的更重要工作。（要是你的醫生、駕駛員、建築師的話，當然希望你在工作上百分百妥善處理，只是在私人生活或日常瑣事可以不必力求完美。）

利用 20／80 原則

哪些工作是屬於那百分之二十、可以帶你更靠近目標的工作呢？這裡給你些建議。

- **論文寫作**：腦中記住每一節規定寫多少頁？哪些段落缺乏大筆資料？注意你的閱讀量，也許你得把目前研究情況的十篇文章總結，只是，要找出這十篇文章，必須篩選許多資料來源，那麼配合你的閱讀策略，只讀摘要、引言及總結，只有當你確定這篇文章重要的，再加以詳讀。
- **講電話**：有時聽者聽著無趣，不好立刻結束對話。所以你應把要講的大概列出清單，直接切入重點，別泛無邊際的說個沒完，或立刻點明，目前時間不多，開頭就說「我可以幫你什麼嗎？」或「請說」，而非「你好嗎」，表明此刻你不是要來閒聊家常。
- **閱讀**：你總是全文從頭讀到尾嗎？如果清楚知道要找的內容，你可以跳過章節，節省時間。還有瀏覽也有助於

評判哪些報紙版面是你需要的、哪些新聞完全浪費時間。

- **寫作**：我總想行文完善，向讀者解釋所有事情，結果連我都讀不懂我的句子，現在我是我手寫我口，更有活力且省下連篇贅字。同樣的，當停則停，而非花數週改善同一個工作，卻愈改愈糟。

- **學習**：你是個細節控嗎？熬夜只為了多學百分之五的知識，以便考試時用得上？捫心自問，那些其實是不必要的？

- **投影片**：每個底線劃好、圖片加邊，百次效果更改後，還是覺得第一次做得最好？

- **你的目標**：當你有十件事，或許其中兩件較其他八件合起來更有價值。專注在那少數對你的前行最有價值的活動。誰會得到更多成功與認可？是在報紙第二十四頁寫篇鉅細靡遺的長篇研究，還是在頭版眾所矚目的專欄作家？

- **肥美誘餌**：想像每天空閒時做你最優先排序的工作，月底便能得到一筆一萬元的紅利。你願意改變嗎？對你而言，改變不就是長期造就的紅利嗎？

- **當個分析大師**：先列出所有你在工作項目裡要做的事，而哪些步驟要執行，例如寫一篇文章，你得執行的步驟有：研究、寫作、糾錯、架構、結構化。掌握投入在每部分的時間。估計每個單一步驟會影響整體結果的百分之多少，差異在哪產生？哪些東西更有效果、並且較其

他更重要，你如何把重要的部分加強，把其他的部分合併、濃縮或委派出去？

· **提高速度**：對 20 ／ 80 原則來說，訂下期限就是最好的辦法，請見規則 33。

許多任務在身：輪流原則

20 ／ 80 原則，對同時必須兼顧許多的人至為關鍵，無論是許多工作任務，或同時為六門科目準備考試。在這些情況下，我會試著選最重要的任務，然後輪流處理，並希望每項任務都能向前，不過先大略草擬出行程表就夠了（規則 5-6）。當顧問時，為了老闆詢問時能永遠準備好，我會大致寫出內容與投影片草稿，然後選擇五個想法，再給老闆一個概要的回答。直到她給了意見，我才會進行下一輪，並弄懂細節，這樣我就可掌握全部的任務，否則要是一天只忙一個任務，而這個任務最後又沒結果，真的會很不甘心啊！

阿基米德說：「給我一支夠長的桿子，我就能移動全世界。」
20／80原則就如同槓桿原理，在最重要的部分著手，使力結
果就能大為不同。而能戲劇化改變你的桿子又在哪呢？

27 降低交易成本

我們在行為，同時也造成許多能量的浪費、時間與金錢的浪費，亦即經濟學家口中的「交易成本」。我很喜歡這想法，它點明了行為的用處與耗費的關係，我們若購物一趟要來回一小時，一週採買一次便可避免每天一小時的耗費，雖是小事，但消耗極大。

等待時間其實有多種方法可以來縮減，若是你先打電話給書店，弄清想要的書售罄與否，或上網訂購，就能避免時間的浪費。處理應該同時進行，例如該買的都累積起來寫在一張紙上、當你無論如何得為一個會面而在路上奔波時，順手寄信，對消耗品有永久性的**存糧**：從冷凍麵包、永久乳品與可持久的應急食品，到垃圾袋與印表機墨水盒、燈泡、釘書針、膠帶。試著把外部行程在一天內處理掉，或把課排在同一天上，以便能有一、兩天的空檔能在家學習。下班後直接開車去跳舞，並且去女友家喝杯酒。或者在這之間購物（至少在冬天，車子是部耐放的冰箱）。「**不准空手獨行**」，待洗衣服放在門前，出門時順便拿去地下室洗。垃圾樂於待在箱裡，等待下回順手拿去丟。碗盤不會從你書桌上跑掉，所以定時到廚房巡邏時再一起拿過去吧！

當然要**細察**，所謂必要的事是否真的必要。你可以鼻涕流個不停的去找醫生，但去藥局還是最快、最划算的（可惜會錯過醫院待診區阿嬤的精采講古）。

而資訊與找尋的成本也在交易成本裡。它們常超過交易本身目的的花費。特別是當你過長時間猶豫不決。例如你在陌生城市尋找完美餐廳，直到太餓不舒服，只好坐在一間小快餐店，吃著不太美味的餐點。

這樣說好了，新買的洗衣機，二十五種語言與三百頁的使用說明書，一定會省去不讀，特別是你無論如何就知道怎麼使用時。電腦錯誤也毋須麻煩資訊專業人士，大多時候只要搜尋關鍵字或顯示的錯誤碼就夠了，也可到特定的論壇，所有受災戶在那已解決過同樣的問題。這就是我的可靠資源（彩繪盤）之一，除了我的女友（維基百科）之外。所以我在二十分鐘內能解決百分之九十的技術問題的。

利用時間，創造「用途」

你能輕鬆地就把交易成本變為用途，像搭火車而非開車，便能在車上好好工作、打電話、思考、聽音樂、吃飯、放鬆或打瞌睡。用本小冊子或讀物度過轉乘時光，或在等待叫診、餐廳候位時，下載有聲書與廣播軟體、語言課程到

播放器裡，如此在車上也能利用時間。在聽著無聊演講時，可看看手機裡的信箱或資料，或跳著看上課的規定讀物，或檢查你的待辦清單，提筆分析問題，這樣至少你看來不會顯得無聊：）

記住，要是你能主動地利用每天等待的十五分鐘，一年下來便超過九十小時。這九十小時的時間能讓你完成許多事。讀完五本書、寫完一本充滿點子的筆記本；或靠著單字卡及聽學語言的音檔、或隨身的迷你小單字本，每天學十個生字。每天十個生字加起來，一年超過三千個，這已是一門語言的基本字彙量了。

心理的重新安裝費

交易成本不只是多餘耗費，心理上的重新安裝費也是一種交易成本。例如你在專心做事時受到干擾，分心了，需要半小時才能回神，你愈常受干擾，就要花更多時間回神。好，現在你很清楚：盡可能避免被干擾。但這是生活的一部分，老闆走過來要個資料、客戶喊你幫忙、同學要借書、朋友要鼓勵。有時為了要更容易回神，繼續被打斷的工作，只有留下記號能幫忙：每當你快速讀完一段時，就把思緒的點劃記；電話響了，立刻把想法寫到紙上。同樣的，記下電話裡短暫提及的重要資訊，就能保留住這資訊，不必

等到你的頭腦加工時，那時已記不清了。三分鐘原則很重要，如果干擾預計不超過三分鐘，那就馬上處理，否則就延到後面。

此外，例行的日常固定行程讓你更容易回神。固定在同時間做同樣的事（靠著每週計畫），我們便不需再思考是否或何時的問題。寫下一些自我指示（像是「讀我」、「跟著我」、「寫我」、「處理我」）在文件或資料上，或利用其他書面形式訂下目標（待辦清單、目標的提醒等等），有助於快速將工作再重新快速上手。

你想要在你的等待時間裡完成什麼有益之事？
你可以學習或閱讀些什麼呢？

28 擒拿時間與精力的偷竊犯

隨你怎麼稱呼：時間小偷、活力吸血鬼、前往目標道路的障礙。它們隨處可見，研討課學員告訴我，他們的時間與精力都浪費在以下的事物，像是花太久時間上網、不停收發電子郵件、電話講太久、對想法或夢想思考太久卻不執行、認為一切都與自己有關，長時間對此反覆思索，又想取悅每個人。還有人把時間與精力都耗費在和朋友吵架，或是因為完美主義，事情總要做到完美才罷休，或是苦思太久，而非原則地處理問題，或是處理事情猶豫不決，這些許多不重要的事情或當斷不斷的行為，讓時間飛快流逝。

逮住你的時間小偷

- 1、記下一切偷走你時間、活力的事物。
- 2、列出前十名。
- 3、對每個小偷找出最容易使用的兩種對策。並寫下最有把握成功的方法，來直接對付每個時間神偷。
- 4、把紙條掛起來，並定時地監控你的進步。
- 5、如果十個時間小偷裡七個被控制了，再列出一張新的清單。

有目的地用這個方法處理你的分心神偷。其他可參考規則 37。

29 下決定

現在這個時代，想買樣東西，就有好多種可供選擇，所以我們期待買一樣東西要有最大的功用，所以總會挑選很久，卻仍在猶豫。同樣的，解決問題時，我們會想要一個最好的辦法，但是，一個完美的辦法在現實中往往是不存在的，只存在於我們的想像之中。而這種在決定上的完美主義，對我們來說可謂是種煞車，阻礙我們的前行，畢竟只有少數幾次能有完美的解決辦法。愈多可參考的資訊，反而讓人更猶豫不決，因此，在決定時要大刀闊斧地分辨出什麼是最重要的、應該考慮的，而什麼只是旁枝末節、不用細想，然後勇敢地下決定。

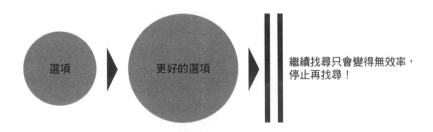

一個有效率的決定，不會顧及到全部假設，一、兩次更新是允許的，再多的找尋少有好結果，如果你有一個大體上符合標準的選項，就選它吧！

下決定的規則

最簡單的出路：在小事情上可選近路，免除太複雜的思考。對你的問題來說，最簡單、最划算的辦法是什麼呢？如果你想要隨時聽不同的音樂，也許你可以把你的擴音機連上電腦，然後開啟數位專輯，既省下購買音響的費用，音樂亦隨處可聽。

你真正需要的是什麼：選項總是那麼誘人，比我們預想的或可能需要的好得多（電腦、手機、相機），但是再說一次，哪些功能是你真正需要的呢？

縮減範圍：把重要性排列出高低，哪些特質對你而言是首要的，價錢？設計？功能？大小？重量？

傾聽你的直覺：直覺選擇有時不一定就比反覆思考後的選擇差。情緒式的決定特別適合在私人生活範疇。

好 & 壞：經典的老辦法，列出優點缺點，並快速地瀏覽權衡，此外，哪些是有趣的點？哪些問題是你想再弄清楚？這種理性方法特別適合複雜的購物決定。

夠好的辦法：那些接近目標的辦法往往比「完美」的決定

來得好。如同諺語「大海撈針」（如果撈得到的話），活得實際的人通常會結束找尋，而完美主義者則繼續地找，找最好的針。但複雜的問題通常包含一系列的未知與變化，實際的人知道，一個完美的選項是不可能的，於是他選擇了令人滿意的解答，並且試著把所選取的路逐步修正。

30 把握機會

我們其實是被時間給制約的，當我們不利用時間後，它便不斷地流失，於是開始努力地裝得很忙，好像我們不曾浪費時間，但有另一種更有效利用時間的辦法，那就是把握機會。

「把握機會」的名言是從古希臘來的。在那有著長髮的時間之神凱洛斯，當有好機會時他總會出現，人們必須抓住他的頭髮攔住他，利用**機會**。全部的人都知道那種只要再一步，就離幸福與成功不遠的情況：當有好想法時猶豫了，隨後則感慨其他人已用了類似想法而成功；當有人對你微笑，而你不敢對他說話時。雖然有所擔心，但立刻抓住機會不是很好嗎？只要試一試。即使有可能犯錯，或因一時語塞無法找到正確字眼，就算沒有成功，誰知道，也許下個機會就來了。難道機會從不光臨嗎？

長久的考慮不是永遠有意義，讓直覺帶領你，不僅持在唯一的任務上，你可以在令人振奮的領域發現很多機會。

訓練營：排出優先順序

分辨：學習把重要的從不重要的事物裡劃分出來（艾森豪的方法）。別被緊急情況侵襲而慌了手腳。將你的任務分類。

	不急	急迫／當前
重要	總是只花一點時間的事，但帶來長期的成功＆滿足感 包含：個人目標、學習與進修、伴侶、小孩、朋友	危機／衝突與步步進逼的事情。因為我們把它推遲了 包含：交件日期，與伴侶、朋友、同事吵架、需要不久就答覆的事情
不重要／ 比較重要	分心的事，或對結果無影響的工作步驟 例如網路、雜貨店、聊天過度、枝微末節、格式化	日常任務＆支援電池裡的事項 例如演講、文化活動、新聞、電視節目、干擾、電話、電子信箱、購物、清掃

重要 & 緊急：

短期的話可以讓這些事先行，但未來盡量避免。

不重要╱較不重要 & 緊急╱當前：
快速與有效率地依照 20 ╱ 80 原則處理。

不重要╱較不重要 & 不急迫：
盡量削減。

效率控管：感覺時間在溜走嗎？靠著每日記錄，把一週時間牢牢抓住是有助益的。依時間先後順序記下一切事情。

時間	活動&持續時間	改善
8:00 Hr		
8:30 Hr		
9:00 Hr		
9:30 Hr		
10:00 Hr		
10:30 Hr		
11:00 Hr		
11:30 Hr		
12:00 Hr		
12:30 Hr		
13:00 Hr		
13:30 Hr		

也許根據紀錄會有一些你意想不到的、讓你訝異的東西。正因如此，這個分析有助認清在何時不必花太多時間，而且可把這分析當未來計畫的起點。

- 當工作占了你生活的大部分，就幾乎沒時間給日常活動了。和你的老闆談談，一同找尋辦法，讓事情浮出檯面。為了能有所改變，與他人溝通吧！
- 考慮怎麼更有效率地進行你的任務：你可以刪除、減少、合併或做得更快嗎？你怎麼利用時間？使用這本書的指示。
- 當然別忘了對你已做到的，讚美自己。

你的時間標靶

利用下圖複習我們談過的東西，利用它來決定可以改善的潛能。圈出你的弱點，填入更多想法與實行步驟。

降低＆轉換＆避免交易成本

做些一舉兩得的事

早上立刻處理最重要的任務

避開滔滔不絕的多話者　　　使用每週計畫　　撥出時間給疏忽的部分

合併任務　　利用在例行與支援中的空檔

分隔時間來工作　　更常說「不」

試著抓住更多機會，不要太猶豫

給朋友、身體與嗜好興趣更多時間

壓制完美主義／不拘小節　　持續使用 20／80 原則　　囚禁時間小偷

做一幅用激勵的圖片湊成的拼貼畫

評估今天，計畫明天　　不超過兩分鐘的事情立刻處理

在外隨身攜帶（有聲）書籍

從兩個相反的選項裡選出可綜合兩者的選項

加快決定的速度

你的下一步是什麼呢？

_____

_____

_____

_____

變得更有效率

畢其功於一役：試著用一件事來達到多重目標。如此設計你的工作，把兩個衝突搖身一變，轉為一致目標。

接受挑戰：永遠先處理最重要的任務。這會讓一天輕鬆許多，也會讓你更加滿意。

保護自己不受干擾：批評性地檢視到你身上的任務。避開多話者，讓他們彼此無止境地開戰爭吵。寧可為了實現你的夢想而專心工作。

善用時間：靠著劃分時間來工作，並且在一天結束時好好評估，這樣你更能有效利用時間。

每週計畫：固定每週節奏，規畫好每一天，把每天以每兩個小時為時間單位劃分。

不必事事力求完美：專心在可以帶給你百分之八十成功、卻只花你百分之二十精力的事。

降低交易成本：試著利用等待、旅行、休息空檔來發展自己。或至少用來放鬆。把可以合併的事情一起做，以節省時間。

把時間與精力的小偷抓住：每個人有其特定的分心原因。分析出竊取你時間的小偷是誰。

做決定：快速決定，有時比毫無決定更好。當你已發現了可用的針時，就不要大海撈針了。

把握機會：面對臨時出現的機會，保持開放與彈性。

下單元將你學到：
在工作上高成就／延長你的專心／注意你的生物節律／分配你的精力／／避免干擾

第四單元：專注力

聚精會神

好不容易有時間給自己了，卻又突然冒出其他的事情：這裡有封新電郵，那裡傳來簡訊，這邊電話響。於是上網處理事情，但不知何時卻只是在網站間來來回回，無法專心做本來要做的工作，兩小時後頸部痠痛，要專心似乎真的很難。

其實，如果能意識到阻擋我們思考的都是些平凡小事時，像是疲累、勉強、內心不安，專心其實不難。

這一章將助你減低分心與節約氣力，開始吧！

31 馳騁於「神馳」狀態

「神馳」指的是充滿能量、生產力與幸福的狀態。這可能在完全不同的情況下產生：上網時、認真設計程式時、下圍棋時、跳拉丁舞時，當然也在運動的時候，無論是踢球、攀岩等，只要開始就不想結束，忘記了時空，完全融於其中。這種神馳理論來自於米哈里‧齊克森。他指出，這種神馳出現在負擔過重（害怕）與負擔過輕（無聊）之間，對此有許多條件：像是面對任務的正面態度的與對任務的好奇。這說法很生動，也提供了新的角度。最重要的是，挑戰適當，你眼前就有個具體的行為目標。

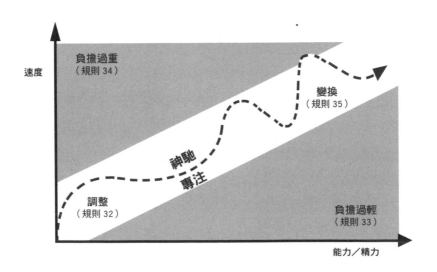

神馳是有高動機與極為專注的狀態，但讓人充滿樂趣。專家吵著如何精確地定義它。對我們來說這個解讀就夠了：神馳是種工作與思考的狀態，此時有極大生產力。而先決條件不難，接下來的規則（32-35）因此細節式地討論這領域，並傳授你技巧，讓你造出神馳的結果。

我們先掌握一個神馳理論的重要含義：高度專注與高度生產力來自於在負擔過重與過輕間找到**平衡**。我想簡短地用兩個實例闡明。

彈性的待辦清單

規則 36，我們了解，專心多與精力有關。而有些時候我真的擁有很多精力與時間，但處理卻緩了幾拍。怎麼辦呢？

於是我把我的每日行程調整，寫出一張待辦清單，請見下圖。圖左是我的主要任務。特別是需要有意識地專注、需要縝密思考的事。放在愈上方，代表愈重要。而在圖右的待辦清單有許多小任務：打電話、郵件、日常生活或撥出一些時間給朋友、女友、家庭、樂趣，那些不管我狀態如何，永遠都能處理的事。於是當我需要思考暫停時，就會跳到右邊單子，然後做其中一件事，讓身體活動活動，然後再回到左邊的工作任務。這樣一來就能好好地利用我的精力。

博士學位	・寫五頁論文	電郵：
	・讀二十篇文章	保險
	・摘要文章	交貨
	・讀完丹・艾瑞利	五封新進郵件
	・心智圖「分類」	
	・概覽「背景脈絡影響」	電話：
	・新研究	弗萊爾博士
	・準備口頭報告	派崔克
		伊科公司
		網路：
		訂隱形眼鏡
作業任務	・完成 A 單元	傳單特惠活動
	・修改 B 單元	轉帳
	・C 單元概念	
	・準備研討課	組織日常生活：
		買辦公椅
		寄書
		市政府
其他	・寫專業文章	
	・改善網站	朋友＆玩樂：
	・修改傳單	兩次重訓
	・學期報告	游泳
		和塞巴斯蒂安吃飯
		夏日節慶

在閱讀、寫作和學習上保持專注

閱讀與學習也適用神馳理論，像是看雜誌。雜誌的讀者通
常是大眾，不會太艱深，內容有時真的過於簡單，這樣的
文章可以大方地跳著、翻著、倒著看，不必擔心錯過了什
麼。因為這樣拉快速度的閱讀，保持了敏捷的判斷力與專

注力，反倒比認真的逐行細讀，到最後因花太多時間覺得無聊而精神渙散好。

反之，專業文章易讓我們**負擔過重**。有許多新資訊與關聯性，我們不能立刻理解，因此我們需要另種方法來處理：把這篇文章分割，分成幾次讀完，以平衡你的閱讀過程。或把另篇簡單的文章放在手邊，當你不是格外有勁時，可以轉頭看點簡單的東西。

彈性地把工作方式因應精力的多少而調整，在其他領域也適用：偶爾專心地寫文章，在螢幕上靈巧地編修，偶爾我把它們印出來，偶爾我蒐集資訊。在閱讀不同資訊時，我會清醒地總結它們，睡前我則復習今天的學習主題。靠著拉緊與放鬆，就像演奏手風琴般，我運用了在每個不同情況裡最好的工作策略。

32 快速動工不推託

你在桌邊繞了繞，好不容易坐下來，卻只顧東摸摸西摸摸，分心忙著雜務、收發郵件？有無可能很快就可以開始著手主要任務？有，精確的說，通往神馳的渠道有三種：具體的短期目標、暖身活動與十分鐘技巧。

短期目標

有什麼方法能更專心且立即見效？即設下最近的目標。在開始一個任務前清楚目標，「十分鐘內我要寫完一篇回覆客訴的文章，用詞友善與精確。」、「我要在一小時內把這篇文章讀完，並畫出一個概要式的心智圖。」、「完成第四章。」、「完成兩頁論文。」、「研究並找出十本書。」、「把信箱內郵件全看完，並刪去百分之五十。」、「接觸二十名顧客。」如果知道做「什麼」與「怎麼」做時（清楚目標與行為），就能讓工作自然開始，且不會因猶豫而喪失時間。短程目標是條紅線，能把你的注意力繫在軌道上。

暖身活動

用一個完全個人的暖身儀式，就能創造出一個通往專心的例行過道，這可以是非常平凡的事，例如清書桌，或是把已寫下的部分讀一遍，也許你需要讓自己能安神或推一把的東西，卡布其諾對一些人就意謂著「開始工作嘍」，而有些人則在一個放鬆的泡澡或小小的冥想練習後，就能進入到他們的工作狀態。

十分鐘技巧

想法還繞著昨晚的爭吵，專心在新任務或書本上似乎有點難。只要開始做就好了，先從甜頭開始吧！從讓你有樂趣的小任務，這可以是心智圖，概括你對要學的主題已知的東西。或寫個小清單，列出具體的短期目標。只要開始，只要埋首於新任務，你就會注意到，一段時間過後，就能專心。

等待靈感是無用的，靈感不是從天而降，往往是從密集的分析得來的。你可以利用十分鐘技巧，也就是說，坐在書桌前，只花十分鐘解決你最重要的任務，或對一個棘手難題寫下三個辦法，或考慮報告的架構。十分鐘後，通常你會坐得更久，繼續思考，這時已然成功戰勝內心軟弱了，

開始處理事情了。

就算你在十分鐘後就起身，不再繼續想你該解決的事情，潛意識裡大腦仍會繼續工作，大腦會不知不覺地蒐集相關資訊。一則報紙報導與你的主題有關，你便會多瞧一眼；聽廣播有相關消息時，就認真豎起耳朵聽；抑或順便問友人怎麼處理類似的任務。這些並非你刻意的，但是都全一開始已花了十分鐘思考，潛意識便會慢慢幫你繼續你的思考。

所以，即使當你一早就有約、有課得上，坐在桌前花十分鐘來想想你的任務，仍是值得的投資。

靜下心，別讓負面想法鬼打牆

和顧客、老闆、同事有不快，與伴侶吵架，擔心考試成績或其他問題影響你的注意力，抑或當你手忙腳亂、生氣或被其他想法卡住時，下列方法助你一臂之力。

解釋：有沒有可能立刻讓衝突從這世界消失？

耗盡力氣：也許現在需要暫停。去跑步、游泳、踢球。讓自己耗盡精力吧！這非常有效。

說出來：讓你的憤怒有出口，或與友人分享你的難過。當你覺得好些時，再回去工作。

想出對策：書面分析自己的問題為何？你可以做什麼？你得接受什麼？釐清思緒，整理好後，留出空間給新的思考。

你不是唯一一個：當你超時工作，想想那些也在辦公室加班或在圖書館的友人及同事，這會讓人穩定下來，因為你並非一個人。

正面思考：想著會讓自己到達什麼樣的成功，然後你就會很快樂。

換地方：有時只有一個方法有效。出去吧！在另個地方會有不同的想法出現！

發洩鬱悶：可以在挫折時發洩鬱悶牢騷，雖然這對情感關係不是很好，但是比起被忽略，說出來還是比較好的。

33 幫自己設挑戰門檻

神馳狀態圖也說了，當一件事我們已經做了很多次，對我們而言，相對簡單，就不覺得有什麼負擔，甚至會覺得超無聊，做時也就不怎麼能專心。

這時該怎麼辦呢？你應該讓這簡單的任務變成挑戰，才會逼迫自己更用心面對，像是設下期限，如此便能在時間壓力下，更有效率地處理問題。

當時間急迫，你就會全神貫注，這不是說要你把事情拖到最後再處理，因為時間急迫時，也可能會造成恐慌、對其他事物的疏忽、營養不均及負面的想法（懷疑自己是否能及時完成），所以，不能每次都把事情拖到最後，然後在急促下猛催油門，這並不是個好主意。

比較明智的是先大概了解工作的內容，逼自己把事情在設下的期限內處理好。如此一來，自我設定期限就會讓任務像一場遊戲競賽，而非火燒眉毛，最後變成危急事業或分數的嚴重事態。

利用這種強迫給自己期限的方法，為無聊與例行的任務帶

來新衝勁,這可以讓你**減少**時間的花費,並建立正面的時間壓力,更有效率地工作,且靠著清楚的時間與目標,便不會再忽視時間管理。因為時間有限,所以你會忙於最重要的任務(20 / 80 原則)。另外,為了要控制交易成本,你必須以智取勝。舉個例子,我曾經弄了個文件夾,裡面放了七篇艱澀的、完全不想進到腦中的文章,然後我決定事不宜遲地運用了「十分鐘技巧」七遍,每篇專業文章都在十分鐘內瞄完並總結。因為這個「在十分鐘內翻個大概」的目標,我會有動力,腎上腺素突然流布血管。結果有三篇文章需要較久的時間,其他四篇卻沒有一開始所想的那麼無趣。於是這七篇看似很重的負擔,竟只花費兩小時。

對抗「無聊」的戰術

給自己時間壓力:你愈想更快處理,任務就會變得更有趣。設下時間限制,例如最多花二十分鐘清掃、一個小時健身或兩天準備報告。或是用廚房計時器設定五分鐘,然後敏捷地把碗洗乾淨。

最後倒數:時間往回算至交件期限(減去週末),啊哈,你就會突然醒來,「只有二十天」聽來比「下個月」急迫多了,隨即就會意識到,要是沒好好利用,一天就消失不見了。

期限往前挪：為了要有修訂的時間，把交件日期刻意地往幾天前或一週前挪動。

預先喊停：常說「晚上七點一定要下班」來強制結束，讓我沒有時間磨蹭太久。

遊戲時間：在處理任務時實驗新的路，例如修正結構時，可以把投影片印出、剪下，或團隊一起根據邏輯序列來編排。

度假：你也這樣嗎？度假的前一天，擁有無法言喻的工作熱情，因為必須把事情全部做完，如果是的話，就偶爾在思緒裡出走吧。對待這天，就像明天要放大假一樣。

34 冷靜

學生與工作菜鳥都會有負擔過重的情況。任務常顯得面目模糊，且截至目前為止的經驗與能力尚不足以處理此任務，容易失去方向感，使人擔憂與畏怯，以下有幾個對策。

臘腸原則：當人們把大任務切分成薄片，它會變得好消化。我們都知道，靠著把大任務切分成小任務，或在其中設定幾個階段里程碑，大而無法一覽的任務會變得更具體與更可控。我們討論過的「進步有多少」是個理想方法，能讓中間的里程碑更明顯。

細察自我的目標：大部分的壓力都是自己造成的，因選擇了要求較高的目標，或者實行時無法如預期的速度。當一切排山倒海而來，壓得你喘不過氣，只有一個辦法能幫忙：寧可開慢點，也不要翻車。

適當地處理：我們被教導著完美主義，並追尋盡可能地取悅別人（無論如何不可能）。但這些特質並不適用於每個任務。何時需要做到一百分，與何時需要快速和有效率的處理就夠了，這只能由自己來決定。

做完全不同的事情：為了要細察目標、認識新的解決辦法、繞出死胡同，偶爾抽身是絕對值得的。找個夜晚或週末釋放自己，做點放鬆的事，這比起馬不停蹄的工作更能帶你往前。更多的內在安穩與距離，會讓你在運作上的盲點消失。

35 交替變換

我們已明白怎麼進入神馳狀態、怎麼能在負擔過重與過輕間取得平衡。那麼,有沒有可能讓專心更持久呢?有。讓一切多元化!心智與身體會在某時刻感覺疲累,而你需要一點不同在你周遭。

替換工作:我們的專心有限。完全的專心能維持約三十至四十五分鐘,再來便會減少。當我們的專注減弱時(最好在這之前),就應該主動改變所做的事,讓學習有所變化,像是提出問題,讓學習材料像歷史般在你眼前運行,然後畫下來、討論、倒置且重複,或者把你所讀的解釋念給你幼稚園的小妹聽,或者去找與該主題有關的其他資訊。這樣替換一下,會讓你恢復精神,不致覺得無趣,例如我總在學習時間內同時讀兩個科目,當一個科目覺得無趣了,可以看另一個科目,這樣兩個科目都能吸收到知識。

轉換姿勢:我們的身體不動是無法持續一整天的。短短的健身運動或工作姿勢的變化有助於此。你可以利用辦公室帶著可活動椅背的椅子。或是在這期間換張椅子。偶爾帶著筆電放鬆地坐在沙發上。站立也是很好的,而且適合給應立即處理的事,如收發郵件、列出待辦清單、簡短的電

話、分類文件。而躺在沙發或公園裡也能好好閱讀，或是考慮些想法（只要你睡飽了的話）。

換地方：不時地前往讓你有靈感的地方。這可以是公園的草地、湖邊的長椅、最愛的圖書館或咖啡廳。還有閣樓、公寓裡的特別角落，或是花園裡的吊床、公開的廣場。與你的主題有關的地方，像是身為農業學家的你，想在鄉下寫論文？抑或是身為未來的獸醫，最能引發思考的地方是馬場？

一次處理許多任務

一次處理許多任務不必花時間計畫，怎麼做呢？舉例來說，當你有許多紛亂的單一任務得處理時，不再像之前把這些任務從一個角落塞到另個角落，而是把一切堆疊起來，要讀的書、筆記、帳單、郵件、待辦清單、網址等都放在書桌的左邊，簡言之，需要處理的東西全放上去。這一堆是不是過高而讓你頭暈呢？很好，現在有個挑戰性的目標在你眼前，今天把這一堆完全重整後放到書桌右邊。如何讓高度縮減成三分之一，以下方法能讓你辦到。

先從一個**最讓你覺得麻煩**的任務開始。同時注意效率。當它是本教科書時，一覽它的主題，把要念的章節做記號，

不重要的部分用迴紋針夾好。然後就換處理下個文件。

在處理瑣事、電話或轉帳時，同時**蒐集分類**。再者，電郵可以立即回覆，每通電話與網站不花超過五分鐘，不寫超過七句話的郵件。

至少三分之一的廢紙與任務應丟棄。很多已過時或與其他相比已成瑣事的，就丟入垃圾桶吧！

最後僅剩**最重要的文件**，也就是經過分類、分量小點的文件堆，隔天再開始新遊戲，專心地花更長的時間在每個部分，並深入每一範疇。當你注意到自己有點脫離主題，且已開始讓你覺得無聊時，就像之前一樣，跳到下個任務或其他主題。

這種彈性的工作方式，可以讓自己更容易進入困難的主題，並且一步步地進步，最後你就能再度組織這些東西了。

立刻處理

33%
立刻處理

33%
晚點處理

33%
廢紙簍

主動弄懂你手邊的文件

閱讀時問問自己：

- 怎麼知道這些說法是真的？
- 這樣的推論是不是正確有理？
- 我還想到哪些其他論點？
- 這是事實，還是意見？
- 這有邏輯性嗎？
- 所說的在文章裡有何可供佐證？
- 我還想得到其他或更好的舉例嗎？

當找著這些自我提問的答案時，你的閱讀就充滿更多的意義，還攜帶著目標，於是你讀著會想解決這些問題。閱讀文

章後你會消化，然後思考，甚至可以主動地再問其他問題，單就標題就可提問，例如這一篇〈為什麼我應該有所交替更換？〉、〈我可以怎樣主動地處理手邊文件？〉老實說，通常不是東西很無聊，而是我們處理它的方式太了無新意。

我沒有什麼特殊天賦，只是充滿狂熱的好奇心！

阿爾伯特‧愛因斯坦

36 利用黃金時段

我們一天裡處理事情的效率有高有低。許多人會在早上九點到中午十二點與下午兩點到五點時,來到成就力的高峰。所以,在每日計畫時,應該在早上處理縝密思考型的任務。這是你的**黃金時段**,這時最有生產力。中午時,處理器會*趨緩*,因為你需要許多氣力來消化(你應該明白吧?清爽的沙拉、水果與果汁比起大麥克+漢堡+薯條+美奶滋,對你更有益處)。這個中午低潮對非思考縝密型的任務極為適合,像是例行任務、日常事務、打電話或發 mail。之後當下午的另一效率高峰來臨時,發展想法或執行已深思過之事物的時機就來了。晚上完全屬於你,無論你還要不要利用,或者就此收工。

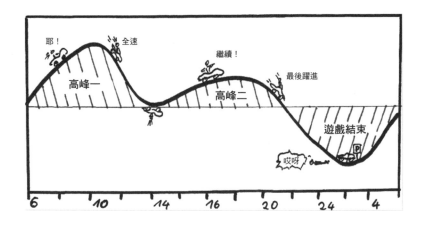

生物節律

我們的生物節律大約每九十分鐘有波浪型波動。當你必須打哈欠、肚子餓或覺得渴時，或者突然易分心不能集中注意力時，就來到了過渡的低潮期。利用這個時期來放鬆或分類文件、清理公寓或購物。

每天都有生產力

小眠：當人經歷到低潮而真正休養，不僅能更放鬆，隨後更有生產力。因此常利用二十分鐘小眠產出的活力效果，不論在家、在停車格的車裡或圖書館。小眠如同睡眠，肌肉與心神皆能放鬆，像個小維修站一樣。

非早起晨型者特別麻煩：**夜行者**總是晚上加速，但那卻是社交與運動的最好時機，怎麼辦，晚上要用來工作嗎？他們可以試著調適自己到早晨的節奏，這需要一些訓練，也許在晚上工作，然後從私生活裡刪減一些事物。但最好是折中，三天晚上工作，四天放假。或是在看完電影或運動後，待在書桌前兩小時。

疑問：或許你會問：「等等，這不是和規則 22 互為矛盾嗎？你說每天一開始先處理主要任務？」不一定。因為你的黃

金時段可能在下午或晚上。像我是下午型的人，早上比較心不在焉，但我還是會主動地處理任務或寫摘要，產出概述、報告和投影片。要是閱讀的話，我會讀一些簡單的文章，早上的我會比下午更快地轉換任務。要是還不能專心的話，一杯讓人清醒的綠茶就會助我回神。

也許現在你已經注意到了！這些每日或每週計畫的範例（規則 24-25），都是根據你活力高低所設計的，他們由大約九十分鐘的小格組成，從在黃金時間的困難任務開始，中午時間給容易的任務，像打電話或日常生活之事。

為你的能量加點油：萬事起頭難。我們已討論過許多克服內心軟弱的方法，例如十分鐘規則，讓你為了激起思考，先只要十分鐘進行你的任務。但要是火花沒有四濺怎麼辦？二十分鐘後你仍然無法專注地呆望著紙上的淒慘筆記？或者頸部疼痛而眼皮就要掉在鼻尖？那你的不專心就不是緣於缺乏自律，而是電力不足。在這種情況下，咬緊牙關並非正確的路。不該逼自已，而是先真正地放鬆，如洗澡或讓自己在最愛的沙發上倒著，享受提早收工，享受時間，補充體力。到公園裡散步、運動、溜達購物或來個電影之夜，對你都比數字、資料好。只要你養好精蓄好銳，就可重新回到工作上。

暫停是值得的，暫停可以讓你的精力得到休養，然後再度發揮。戴爾‧卡內基三十年前就說：在疲倦前，休息暫停是明智可取的。因此放鬆休息有其必要，在此間主動練習放鬆雙眼、四肢抖動，一點體操與伸展頸部背部，都會再次驅動專注力。

如何與咖啡相處：現在有個好消息，你不需要戒除掉所選擇的上癮物。但是在量與時間點上反思，把低潮時段的疲累靠咖啡消滅並非長遠之計。我們的肌肉與神經需要關機時間，否則之後的高峰時間就變得較弱。為了要把專注的階段延長，喝咖啡最好在高峰階段的開始。而在低潮時段的身體，它需要的應該是休息、氧氣、維他命及和緩運動。一天兩杯咖啡足夠了，因為身體會儲存咖啡因到六小時，沒多久就喝第二杯，會比第一杯效果弱得多。試著交替地嘗試其他強化集中力之物，像綠茶、蜂蜜、薑與人參等。

一些鼓舞人心之法

- **新鮮、清爽的食物**：讓我們產生活力。
- **巧克力**：好吃且安慰人心。
- **蜂蜜**：帶來長久的真正精力。
- **綠茶**：和緩地讓你復活。
- **葡萄醣**：短期震撼。

- **薑與檸檬**：這樣的混合能避免感冒。
- **把精力耗盡**：就不會再緊張地瞎忙。
- **沖澡**：溫水讓人有活力，冷水讓人冷靜。
- **氧氣**：營養吸收外，每天的活力來源。
- **依偎相擁**：之後就不覺得世界末日了。

37　停止干擾

根據研究，經理人或其他桌前工作者，每工作十分鐘就會被打斷，然後耗費半小時才能繼續工作。學生雖然不常被打擾，但在寫作業或閱讀較複雜書籍時被擾更糟。受干擾後，人很快注意到，思考的品質不同了，無法縝密地了解掌握任務。我仔細地觀察其中的不同，當深入處理任務時，充滿了聯想，有真正好的想法，進行地很順利，突然間一通電話，耳朵束起，跑去接了，也許只是小事，有人取消了碰面，於是掛斷後，現在到哪了？啊，再去廚房拿點東西好了……接著再繼續，坐下來後腦袋空空困惑地對著螢幕。那「神馳」狀態已斷，氣！因為再要專注天殺地難。多數的情況是這天就無法再有進展。我們不是創意機器（可惜），說關就關，說開就開，特別是在學習與腦力的工作上，亟需安靜，因此，為了重要而繁雜的思考任務，適時隱居自己是必要的。

外部干擾只是原因之一。另一主因往往是**分心**阻礙我們的深沉思考。像是不寫報告，突然興奮地算起合租房的電話帳單，雖然帳單已好幾星期沒人理。然後浴室擦得亮晶晶，大部頭的書卻還在桌上等著。而公司的茶水間永遠是思考的度假勝地，在數據分析前……

以下是些針對外部與內部分心的急救方法。

更多時間思考

停止干擾：我的手機多處於靜音的狀態，就不會聽見簡訊，信箱每兩小時自動接收。然而當形勢危急時，請關掉手機、把網路線拔掉（或關掉無線網路）、房外掛上「請勿打擾」，或撤退到一個更安靜的地方（例如上課教室）。

眼不見為淨：把電視反轉，把報紙、書或讓你分心的事物藏起來。將現在想做的事寫在紙條上，將它們置於一個「美夢箱」。在考試或任務過後，再打開這個寶盒，然後從中給自己找獎賞吧！

一個思考的地方：完全不行時，就逃到一個可以好好工作的地方。可能是角落的圖書館，思考氣氛讓你平靜；或是最愛的咖啡店，它的濃縮咖啡總能讓你靜下心工作；或是公園長椅，給你帶來新想法；或是無人會議室，保護你免於辦公室的吱吱喳喳。

躲起來：逃到一個陌生圖書館，你在那不會遇到認識的人，專注力便全在書裡。或在一個廣場沉潛，你在那因舒服而能好好學習；或是在鄉下父母家，或叔叔的週末小屋，或寺院，

甚至是海邊平房。這是件美差事，把學習與休息、生活做連結。史蒂芬·柯維就用一年的時光，與家人在夏威夷完成他的暢銷書，這真是變成百萬富翁最舒服的方式……

居家辦公：算給老闆聽，你每天往返花了多少時間，解釋思考不被打擾對公事的順利推展有多重要。也許你們先開始試驗，沒人會反對。目標是，為了不被打擾地認真想通重要的事，可以一個月兩到四次在家工作。要是不可能的話，就需顛覆性的技巧，外派出差時在外面多待一些時間，並在回來的路上逗留咖啡館工作一小時。新鮮的空氣有益健康，而且能幫你避掉新任務。

38 一些外在輔助讓你更專注

你一定遇過，走進廚房，想拿點東西，結果卻想不起要拿什麼東西，走出廚房時又想到了。好笑吧?! 我有些幫助記憶的方法，能讓你更加專注。

最佳照明：是一個強而有力的專心因子。書桌最好在窗前或窗旁（如果太亮的話），陰影讓人困惑。桌燈光線應從前方照到工作平臺，附加的周圍照明或蠟燭，會讓夜間工作更加舒適。

香精油或芳香蠟燭可以讓人安詳地沉思，且讓學習更舒適。試著使用對某科目或主題用單一特定香味，然後考試時帶一小劑量香味，這可幫助記憶。人說薰衣草是有助專心，而橘子味可以減少憂鬱。

哪種**音樂**代表你學習的東西呢？音樂刺激腦部的情緒中心，而情緒強烈與長期記憶相連。特別是古典樂，已證實有所助益。

馬汀音樂排行榜──學習與專注類

- **冷靜**：Café del Mar（海洋咖啡館）、Buddha Bar & Co。
- **放鬆音樂**：爵士與輕柔電音。
- **冥想音樂**：佛教與印地語音樂，祈導咒樂（有助僧侶進行其冥想專注活動）。
- **古典樂**：巴洛克音樂適合學習（特別是巴哈的《布蘭登堡協奏曲》或韋瓦第的《四季》），還有法蘭克・辛納屈、麗亞・倫敦及打開筆電時讓人冷靜的女聲，都相當有助益。
- **交替變換**：網路上讓人冷靜、專門播放氛圍音樂、爵士或古典樂的廣播電臺。
- **祕密點子**：「給予靈感的音樂」與「給予生產力的音樂」。這些是美國心理聲學中心根據對學習、動力與靈感的貢獻而選出的經典作品。你可以在網站 Studienstrategie.de 找到這些唱片連結。

調整環境可以讓學習與工作更舒適。
一個正面的心境也對大腦的接收能力有助益。

小東西大驚嘆

我在簡單重訓後、洗澡後或桑拿後能最專注。研究指出，人在這樣的時期處於「α 腦波狀態」，此時左右腦合作極佳，因此人就會在平靜放鬆的狀態裡有創意與卓越的思考。

此外，我還有一些讓大腦更專心的祕方：潔牙口香糖或小胡蘿蔔，老實說我還放了小熊軟糖與堅果在書桌上。咀嚼有助我坐著聽演講時能專心。因為糖與流質會被產出，這似乎在對腦幹說：冷靜，我照看著你的存活。

其他讓你專心的方法

耳機：聽音樂時，偶爾會把它們安裝於電腦。這樣我就直接與電腦相連，不知怎地便結為一體了。事實上我可以更加專心，較不會分心（因為連著），不會為每件小事不時站起來。

耳塞：有時耳塞也適用於圖書館，也有助在家。我常體驗到，帶著耳塞更好留住思想。

半躺式工作：當身體罷工、但精神清醒時，我會拿著電筆放在膝上，到床上靠著大枕頭。這樣的我就放鬆地不會再起來，也更能將思想轉為文字。

換張椅子：有時可調式的辦公室椅，帶著輪子讓人緊張。暫時換張樸實的椅子，對我來說更能久坐。

所以呢？什麼讓你更容易工作、閱讀、寫作與學習時專心？

39 按部就班

當各種聲音縈繞耳際，工作就難以專心。至於人有多喜歡讓自己分心呢？事實上，你會從一個任務跳到另一個任務、四處搜尋、上網和把無關的資訊塞到腦中，老實說，今天你上臉書或看新聞網站幾次？心理學家發現，一個鐘頭裡，當我們在許多任務間轉換，東摸摸西摸摸時，只有二十二分鐘留給實際的工作。所以，不要再像電視轉臺般地轉換任務，唯一能更專心工作的，就是讓大腦緩解，把事情循序漸進的處理。

給你一個好消息：專心是可以訓練的特質。之前我在公司有認臉的問題。之後當我在佛羅倫斯上繪畫課時，竭盡所能地觀察每個人，專注其比例，自動地將他們臉孔的特徵印記在心裡。因為現在我受過訓練，注意力改變，大腦得學習用特定的方式運行。同樣的，專心也要一步步地訓練。因此專心於一件事，並且把時間拉長，直到你能專心在這件事九十到一百二十分鐘（然後你的頭腦就需要暫停休息，規則 26）。幾天後你就會感到效果。

更聰明地達標你的任務

完成小目標：一步一步的來，像是先處理你全部的統計數據，然後讓自己寫作，接著開心地讀點東西。當你完成小目標時，像讀完一個章節或處理完一個電話，才從書桌前站起來。

劃分清楚不同任務的處理時間：註記在你的日曆裡，早上一個科目，下午另一個科目，晚上再溫習第三個科目。或者把一天或幾天都專心在一項重要工作上。並且不要做與這項工作無關的事。或分別在你的每週計畫註記。通常週一到週四，我都以最重要的出版社工作為主，週五與週六則是輪到寫作。

不要超載：在同一時間裡只給自己一、兩個目標！專心在一件事物或一項工作，持續到完成這份工作。當一切幾乎都完成了，只需再稍作補強，那就有足夠的精力去鑽研下個任務。

注意：執行多重任務成功的唯一方法

思考在兩個層面進行，第一個是意識層面，這和我們靠大腦有意識思考的事有關。而此過程是接續的，這意謂著，

我們在一個時間點裡只能專注於一件事。當我們邊寫東西邊看電視時，這一刻專注於文章，下一刻又專注於電視所說，兩者事實上並非同時進行。同理，對於思考縝密型的任務也適用於這個「按部就班」的規則。

第二個層面是儲存於潛意識裡自動的過程。例如開車，首先要完全的注意力。一次吸收後，就自然而然地進行，我們就可以同時聽著廣播、打電話或咒罵前頭慢吞吞的車。多重任務處理在此時是可能的。因此你完全可以與日常例行的事物一同處理，例如邊燙衣服邊看電視、邊打掃邊和姐妹淘講電話。或者，為什麼不洗碗時背單字呢（把單字表掛在洗碗槽上）？又或者，當你想著某個概念或某個架構時，邊在海邊曬太陽也不錯。休閒活動也能與其他互相結合，像在重訓時與人接觸，或保養肌膚，或利用上語言課，邊充實自己邊讓語言老師改善你的外文履歷。

40 怎麼聽演講才有收獲

如果你能做好「傾聽」這件事，女性友人會對你加分，而傾聽也能幫你在考試裡加分。專心地傾聽對許多人來說並不容易，這裡有些點子，讓你比從上課或開會要學得更多，增加你的輸出產量。

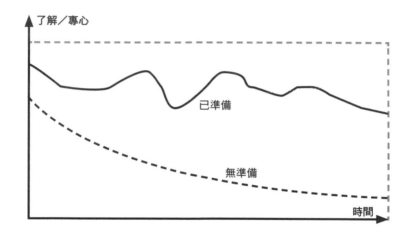

沒有先做功課，並於事前準備好基礎的知識，了解就會受到阻礙。反之，具備基本知識的人可能第一個段落不了解，隨後就明白在講什麼，於是很快便能再進入狀況。

更容易進入狀況

聽演講前沒先準備，只能一知半解。如果真能了解的話，九十分鐘也久得讓人無法專心。資訊量過多，因此最好事前做好準備，不要一無所知，用討海人的話術就是下錨的點，讓人能把新增的內容繫上。準備，其實就是預先概覽文章，這樣就夠了，主要就是讓你明白主題，稍微瞄瞄網上百科，弄清楚專業概念。當你有相關資料在手邊時，就能了解這場演講或會議的流程。把最難的部分劃記，心裡知道你對此應特別注意。列出一張小巧的問題清單，上頭是你在演講中或演講後想馬上弄清楚的。

> 錨點（預先已知的知識、梗概與脈絡），讓你在學習或閱讀時更容易專心。

當然，總是把自己準備好並不容易的。但是很值得，約需二十至三十分鐘。準備的目標不是要了解一切，而是找到一些不清楚的部分，便知道你在何時應該特別詳細地做筆記。

還有，人雖出席了，難保心思也在場。在此有些技巧能提供協助。

- 視覺上想像著，讓你分心的想法像雲般散去，而看黑板的視野又清楚了。
- 試著從其他人的想法及角度去了解主題。
- 當作遊戲：想像你是社會工作者，你的工作是試著了解眼前這名絕望可憐的傢伙，讓他說出話來。或者你是名偵探，想發現這情況是和什麼有關。
- 用你的語言，在幾句話之後簡短的歸納。有疑問時，提出問題：「教授，您不認為這是最佳方案，我對您的理解是對的嗎？」
- 繼續想。別只注意講者的用字，而是試著去了解問題、原因及可能的解決辦法。

選擇性的專心：九十分鐘的課裡，我們會心不在焉，這很正常。專心在過於離題的討論時關機。讓自己上個廁所、抽抽菸暫停一下。五分鐘後或許你錯失些什麼，但在剩餘的時間裡卻能更專心。

這是你的課：上一門課，如果你沒能從課程中收穫最大的話，坦白講，這是你自己的問題。因為前面站著專家，你也付錢了，所以不要去聽課而沒有具體問題。當他們不能回答時，再繼續往下挖、深入追問。或者一些基本的東西不理解時，舉起小手，不要忽略這問題。不，你真的不笨，你真的不是笨到不能了解，其他人會因為你的提問、你在

中途對大夥兒思路的助益而感謝你，所以試著每次上課都至少問個問題，或分享你的想法。要是生性害羞，也不要緊，用下課時間向講師提問！

選對地方坐：上課（可惜）不是看電影，最好的座位是在前頭。字會比較大，你比較不會分心，而表演的巨星直接到你面前。許多資訊是透過肢體語言、尤其是表情來傳遞的。非語言的溝通讓專心與了解更加容易，所以坐前頭的搖滾區你可以看清楚點。此外，坐前頭發問特別容易。

不要去一堂課或一場會議卻沒有預先了解、沒有準備好你目標。

最聰明的筆記

我們常來不及寫下每個字。於是你會學習到把重要的與不重要的分開來。然而經驗告訴我：只記下主要論點時，筆記就非常沒有價值，因為人們大多會討論與重複主要論點，因此大部分的要點都是淺顯易見。再者，資料豐富的筆記是比較好的，因這樣的筆記可在之後靠著補充、刪去、標記與總結一併處理。但人無法逐字記錄，所以應該要專注

在思路與邏輯上，試著把論點的結構弄明白，先決條件是什麼？講師的推論是什麼？可帶往哪個方向？他用什麼例子？使用標準化的縮寫與箭頭（例如 A 等於假設、B 等於定義、C 等於結論等等），靠著這樣的上課筆記，你的學習立足點就完全不同，受歡迎度也會急遽上升，因為現在你的筆記值得交換。

有些人直接寫在上課講義裡，因為他們想一目瞭然，我無法理解此方法，因為許多資訊已在上頭，人只能同時半推半就地寫，並失去前後關聯性。對我來說，一個單獨記錄的形式是更好的，因為這樣就能有時間，先後順序地來捕捉論點結構，之後再與講義做比較。

還有別忘了，投資十分鐘課後複習，加工你的筆記，補充想法與個人結論。

做筆記永遠可取，即使是你已不需要這些筆記了。
同時寫下有助專心。

以下有幾個訓練專心的方法

有選擇性的感知：在人聲嘈雜的環境中，試著傾聽不同對話，了解他們在說什麼。

個人的生物節律：觀察自己的一天，何時是最佳狀態，何時最緊張？幾點你的眼睛想闔上？畫出你的生物節奏與干擾曲線在白紙上，並在未來幾天測試。

放鬆技巧：找尋讓自己舒服的放鬆法。找尋的關鍵字：自律訓練法、肌肉放鬆、色彩放鬆及心理訓練。

切入主題：試著在工作一開始就很快地深入主題，試著使用腦力激盪、心智圖、待辦清單與討論。

專注：集中注意力一到五分鐘在一幅畫、一個遠點或一根蠟燭。沉默並盡可能不思考任何東西。做這個訓練一週，一天兩次約三分鐘，最好是在工作前。

思考圖像：如上所述，只專注在一個物品，如一支筆或泰迪熊。在腦中勾描，繪出該物品的輪廓，試著盡可能從各種角度探索，例如顏色、形狀、本質。

降低音量：有意識把你的有聲書或電視轉小聲，但仍試著了解一切。

背景雜音：試著在執行一件任務時，播放廣播或電視，卻試著只專注在任務上。

你的目標標靶

你在哪看見了需要處理的地方？用螢光筆標記起來，有需要的話，補充其他的點。

進入神馳狀態

設定近期目標　　　　開始儀式

常換任務

提前交件日期　　　　十分鐘技巧

按部就班處理　　　　　　分配任務（臘腸原則）

利用黃金時間　　睡眠充足　　　工作場所整潔

新鮮養分　　　　　　　變換姿勢

在有靈感的地方工作　　　迷你睡眠

把分心的事物藏起來

讓人專心的音樂（Studienstrategie.de）　　關掉網路與手機

停止繞去繞圈　　　　做個專屬自己的專心音樂排行榜

激發思考的芳香物品

準備好聽演講　　　有系統地做筆記　　　照明

你想立刻開始採取的下一步是什麼呢？

_____

_____

_____

_____

充滿專注力地向前

馳騁於「神馳」狀態：專心是種藝術，在負擔過重與無聊間取得平衡。

調整自己：你的大腦需要一定程度的激發，然後平靜與能量隨之而來。

幫自己設挑戰：不要開始一份任務時，沒有為自己設立一個具體有挑戰性的近程目標。

冷靜：工作應讓人有樂趣，如果你壓力太多的話，就只需一步步前進。前進一小步即可。

交替變換：常常替換任務。這樣就可避免勞累與受夠了的

感覺。

利用你的黃金時段：根據生物節律，在一天裡的高峰時期，決斷力與情緒穩定度較高，也較不易受壓力影響。在這幾小時裡密集工作，遠比一整天只工作一點點要有效率多了。

避免干擾：在縝密思考的過程最重要的是：安靜！每個干擾都會讓一個完整思路離家出走。

專心輔助：外部環境可以輔助你更加專心、更佳的學習與閱讀。

按部就班處理：專心於一件任務，直到你已經達到暫時目標了。

增加你在聽演講的注意力：聽講前先預先準備，不要一無所知，瀏覽文章並寫下具體的問題。

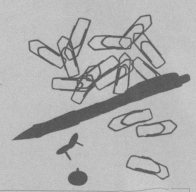

下單元你將學到

把任務結構化／擴展思考能力／減少找尋的時間／立刻找回東西／有效率地處理電子郵件

第五單元：組織力

控制你的注意力

桌上的文件與杯子就像成堆的疊疊樂積木？你每天都在找東西？你寫的東西不知所云？

缺乏秩序與混亂，會造成時間與精力的浪費，其實，只要用些技巧，就能在兩分鐘內找到要找的東西，除了幫你省下時間、還給自己一張乾淨的桌子外，還能讓思想與工作過程也能井然有序。我就不再賣關子，我要說的就是「周遭秩序＝腦中秩序」。

接下來我會跟你解釋，哪些原則可以讓你組織工作環境，並且幫助你思考完善，然後，再附贈一些處理垃圾郵件的大絕招。

41 集中管理

周遭環境牽制束縛了**注意力**，這是個不太容易被意識到的過程。我們看著遙控器，而這就引起了思考，突然就想到要把電視播放的紀錄片錄下來。另外，各式各樣的瑣事，像是帳單、洗衣服、雜誌、圖片等也能讓人想起那些更具誘惑力的事物，或更快、更容易解決的事（與我們本該做的也想做的事相比）。從本來想做的事分心了的我們，正在浪費精力。環境的混亂不只讓人分心，也讓人找不到東西，永遠在找眼鏡，或持續地與自己書桌的可用空間對抗。

然後你會發現，這些東西就在那裡，買來後從沒用過的網球拍或新鞋子正等待著你穿，但已不如在店裡時看到的那麼閃亮。還有你想要讀的每本書，實際上只是從一個角落被推到另一個角落。

你的書桌曾經是很乾淨、沒有負擔的。請把一切讓人分心的干擾物清除，就像是消除無意義的電腦遊戲，把廢棄的東西丟掉，把工作上不需要的東西清空。（規則 45）

把堆積如山的垃圾移除後，就開始把相關物品分類，這會讓你的工作更容易，讓你的注意力能集中在真正有意義的

事物上（規則 47），給自己創造一個乾淨的環境！它會明顯增加你的效率。再者，透過各種管道蒐集每天向我們奇襲的新資訊，但怎麼與這些資訊相處，也屬於環境管理之一。

管理你接收資訊的管道

工作、大學與私人電子信箱（三組帳號密碼），網路，工作電話，手機，商務社交網站，臉書，學生社交網站，推特，你公寓的信箱，還有你在父母家的信箱。天啊，有十二條輸入管道可以用來接近你，不僅讓人混亂，也難以控制。若其他的東西再加進來，分心無誤。因此，你應該好好管理自己接收資訊的管道。

- 我有不同的電子信箱，也都必須用上它們（不同網站、學校、工作），於是我讓全部的信都自動轉到一個主要帳戶裡。這樣就不用登入七次，只需一個監控平臺即可。
- 因為各種好處，之前開了五個銀行帳號，但我疏忽必須要放足夠的錢在一個低利率的活期帳戶裡，以避免帳戶赤字。因此，現在我只有一個主要的活期帳戶，一眼就能了解全部的資料。
- 待分類的東西，我會一律放在收文箱。有了這固定地方給當下新進任務，這樣立刻就能看清還有多少工作等候

看診。

- 同樣的，我也有待閱處，給一切等待閱覽的雜誌、書籍及想翻看的資料。而在電腦上，我則有個收集文件的待辦資料夾。只要定期地檢視該資料夾，就能避免錯失漏看。

你有愈多的輸入管道，就愈難管理。最好能將這些入口合併或取消，愈少愈好，這無疑能減少壓力。

神奇筆記本

我當企業顧問時，注意到除了黑西裝、黑莓機和筆電，還有一樣物品是不可或缺的，那就是筆記本。我的每個同事都有本大筆記本，他們把全部的談話紀錄、待辦事項等等蒐集其中，我也覺得它很有用。

- 照時間順序書寫是好主意：找東西只需想起日期，就可往回翻。
- 用新的一頁或使用印象深刻的標題，皆可讓筆記分門別類。
- 筆記我會再修改，把沒結果的刪除，或整頁用釘書針、迴紋針夾起來。
- 我會在待辦事項，畫個小方格，處理完後就在格子上打

勾。

* 本子後我會有可供參考的資料，像是電話等等可查詢的資料。

這樣的紀錄本對你也挺有幫助嗎？試試！特別是這本筆記本是用於同類型的任務，或只有一個主要任務時，相當有意義。另外，筆記本是個有用的工具，特別是對你的創意，它讓一切不會被忘記，你一整天遇到的事、想法、網址、計畫、任務。我自己雖然有個外出小本，但多數時間我都在書桌前工作，然後使用收文箱。我的筆記是根據任務歸類，因為我的工作包含不同範疇，我偏好拿單一紙張筆記，再加以分派歸類到每個任務。這會讓筆記更有結構、更靈活有彈性。（規則47）

最後，最重要的是，你找到一個適合自己、並在實務上好操作的系統。例如我完全無法用個人掌上型電腦，反而偏愛我的日曆，在上頭我可以翻頁。但也許你不一樣，總之，筆記本應該要容易攜帶，且很快就能翻出使用。無論它是多麼精美高價的鼴鼠皮製封套筆記本（還得勤保養），或只是索引卡，或晚點你會分類到收文箱裡的紙條，這些都是其次，重要的是你持續地使用它，讓自己的生活更有條理。此外，筆記本的粉絲強調，筆記本太太重要了，要永遠帶在身邊。他們是對的，當我把我的小本子放在家裡，

卻突然有好的想法蹦出來時，就會很生氣。這就像雨傘一樣，沒有它在身邊，一定下雨！

42　克倫格爾收納分類法

光線經過放大鏡聚焦時，可以點燃紙張。同樣的，當你把自己的東西總結分類，效率就會提高。該怎麼分類物品呢？你只需謹記「**物以類聚**」。一切有類似功用的東西一起保留。可以保留在一個抽屜、一個盒子、一個文件夾、一個卷宗、一個唱片架等等。

把相關物品放在一起是有幫助的。例如你可以在一個大唱片夾裡，把全部唱片放入歸類。對此，你應該把唱片從封套中取出，並一起放入這個唱片夾。一切就真的隨手可取。如果這個唱片夾滿了，就是剔除揀選的時機了。哪些唱片還被需要？哪些可以丟棄？因為唱片已集中在這唱片夾裡，你不必再找尋，它滿了，就換一個更大的唱片夾。重要的是，一切相關的都在一起。此外，最簡單的收納媒介就是鞋盒了。它們大小剛好，在鞋盒標上字後，可以輕易地伸手拿取，必要時還能堆放。你現在有個好藉口可以買新鞋了。:)

分類規則

· 如果某一分類的物品滿了，就代表該清理了。同時，當

你從某一分類發現一個閒置的物品時，就該順手剔除。
· 當你沒有東西能再剔除，保存的媒介又太小，就換個更大的。
· 一個類別讓你無法一目瞭然時，底下再做分類會有幫助。例如在你的唱片蒐集裡，其實是軟體光碟片、唱片與影片混在一起，那就買三個封套夾，重要的是，讓子分類可以清楚。
· 在「孤兒院」裡，有一切未被認領的事物，或是你仍無法確定是不是需要的東西。一段時間後，若仍找不到認養的類別，就送出去或處理掉吧。
· 一個類別在正常情況下會有四十種不同的東西留宿，再多就過大了。

住處與關係線：想像一下，你放在書架上的釘書機，使用過後想回家，回到它的家，而裡頭住有其他類似物，像打孔機、直尺與計算機。靠著這樣的想法技巧，分類就簡單多了。或者想想物品間的關聯性，這樣的關係如同繩索般，把東西拉在一塊。因此書在使用後會被拉回架上，咖啡杯則被拉回到廚房裡。

特別有效果的是，把分類處想成「居所」，像是鑰匙、眼鏡、錢包、你常用卻喜歡亂放的東西。我都放在門口的小架子，當我穿鞋要外出時，就會看到它。手機當然放在充電器上，

iPod 則一直在大衣口袋，僅在充電時會短暫拿出。把東西放在最明顯、最常需要它們的地方，成了例行習慣後，這些東西就會一再回到那些地方，自然而然就有了整齊秩序。你不必再到記憶裡搜索，就能自動把物品歸回原位，其實只是一個正確習慣的問題。因為我們不把東西放回它的家而亂放，也只是一個習慣，一個壞習慣。

標籤技巧：在抽屜、架子、文件夾寫上字，清楚標記裡面藏著什麼，當你在收文箱裡用計畫 A 標示時，那裡就不會有計畫 B 的東西。這樣一來，清楚的歸類標準就有了。否則的話，某個東西應該屬於哪一類考慮了半天，卻找不到解答，東西便在下個角落消失了，再也找不到。此外，標籤時，必須要清楚思考，實際上你需要哪個東西？最常使用的是什麼？什麼是多餘的？標記用同一種顏色，並清楚地讓你從一公尺外就認出這個標記。

別分類過細：有時進行的秩序過頭了，就會過度分類而找不到東西，因為，雖然把它們清楚地儲藏或歸位，卻記不得我是把它放在第幾號的子分類。分類系統是好的。但分得太細、太累贅就不合適了，因此：

- 比起很快就無法全覽掌握的過多子分類，大分類是較好的，或寧可在電子信箱裡，標示一個「待辦」文件夾，

每天都可以監控，這也要比過度熱血的分出五個文件夾（週一、週二、週三、週四、週五）好些。

· 永遠把不需要的東西清掉。
· 當你需要某個類別的東西時，先做好分類。

行動！

花時間建立第一層類別。為全部的類別找好住處，例如書架、抽屜、文件夾或箱子。這裡有些分類的例子：

· 醫藥類：完全歸入醫藥箱或化妝包裡。
· 電腦（電線、軟體、清潔）：都放在一個抽屜裡。
· 旅行（耳塞、小刀、地圖）：放進一個箱子。
· 家事與居家用品（工具及替換燈泡）：放在走廊櫃子裡的箱子。
· 辦公用品（紙、投影片、筆）：放在靠近書桌伸手可取的範圍。
· 郵寄類（郵件、信封）：放在伸手可取範圍，例如在郵件貯藏所。

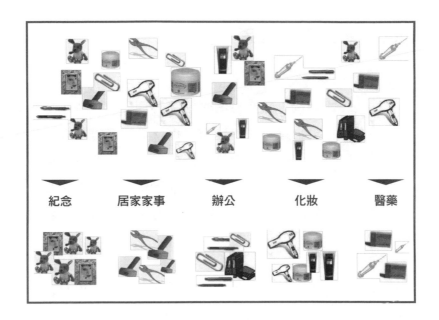

家裡有許多東西，如不分類就會亂成一團。這些東西若按類歸放，就會顯得乾淨許多。

43 物品擺放的位置

設立你的分類系統，然後每個類別都有個固定位置，把每個類別儲存在最合適方便的地方，也就是東西被需要的地方。可以問自己，哪裡是這個東西的最佳位置？這個東西常用嗎？什麼時候會被用到？如果都清楚了，就根據實用的程度決定擺放的距離，意思是「你愈常用的東西，就應放在愈靠近你使用它的地方」，我建議你分五個區域。

工作平臺：這是你思考、寫作、閱讀的地方。這裡是給目前需要的文件，並且只准擺放一天卻使用多次的東西。

資源區：把一切能讓你工作更容易的東西收納於此（像文具、複印紙、迴紋針、打洞機、訂書機或待處理的文件）。將每天或每週用的東西，放在伸手可得的桌邊。

圖書館區：此處有查找用具及參考資料，像書、文件、會議小本子、研究報告等等，此區也應在伸手可及處，例如在工作位置旁的書架上

裝飾區：照片、花、佛像或其他想存放的東西，可在書桌上有一、兩個小位置。否則裝飾區應設立在房間裡較難接

近的地方。

檔案保管處：舊文件、回憶與換季類（例如你的滑雪裝備），可以大方不必多想地放在後頭角落、地下室或床下收納，因為你無須時時靠近。

書桌不是儲藏庫！

44 讓任務「看得見」

周遭擺放的物品會影響你的注意力，因此，干擾物與不重要的東西必須從視線移除。反之亦然，所謂「眼不見為淨」，我們很快就會忘記不在眼前出現的東西。所以，如果你的工作文件是很重要、得馬上處理的，最好保存在視線所及，可使用以下技巧。

將最急迫的工作文件全部擺放在書桌旁，因為這樣你時刻都能看見這些文件，便能快速地著手處理。另外，在這些不同的文件中，只要你拿起一份文件，就一定要處理一小步，例如挑選剔除上頭的資料、或思考文件裡的一個想法等等，然後請使用一張可黏貼便條紙，根據你目前處理的進度，寫下這項文件下個處理步驟應該是什麼，例如「與莫里茲談話」、「研究關於 X 的資訊」、「在電腦裡摘要」、「處理作業第三頁與第五頁的引用」。這樣你所處理的進度就會保留儲存下來，再繼續處理時，就知道下一步應該做什麼，可以很容易上手。如此一來，你很快地就能把這些急迫的文件處理完畢。

善用便利貼。在閱讀時，常常讀著覺得很精采，讓你引起共鳴，許多想法靈光乍現，但要是不記下來的話，不久，

這些想法就消失殆盡，甚至，這篇文章裡寫的是什麼也都忘了。為了避免忘記，可以在閱讀時使用便利貼，記下你的想法，然後黏在上頭。

兩種技巧都可在電腦上作用。在電腦上我會具體地命名檔案名稱或資料夾名稱，標示清楚，例如「修改預算計畫」或「評估採購數據」等等。

45 拯救活在垃圾堆中的你

只要一找不到上週文件，你就得像隻老鼠到處亂竄，把家裡翻遍？在廚房裡你得踮著腳尖，以防不小心會撞到要洗的碗盤？在找打洞機時，發現了一本你上週該歸還的書？是時候來場真正的大掃除。除了能讓你有乾淨的工作環境，也能增加你的動力與專注力。想想以下幾點：

· 把東西分門別類，會讓你更容易專心處理重要的工作（見 20 ／ 80 原則）。
· 東西愈少，就愈不會分心。
· 誰學到了剔除小的、無特殊意義的文件及衣服、書籍，才會有勇氣與不喜歡的工作、友情切割，或與不適合的伴侶分手。
· 當你剔除舊的想法，才能接受新的想法。
· 東西少了，搬家會比較沒壓力。
· 當它無法被取代時，人比較會愛惜物品（自從我有了兩副眼鏡後，我總是在找其中一副，在這之前從未發生過）。
· 一個單一物品，比起一個塞滿了相似物的空間，總是好看得多。

減法的好處明顯攤在你眼前。清空了不需要的物品，才有空間容納對我們有意義的事物、給我們活力的事物。這自由得來不易，是時候正視秩序對於生活有多麼重要了。

徹徹底底的大掃除！

1 **（只）清空一個抽屜**：把抽屜裡的一切全拿出來。最好從清理一個小抽屜開始，而不是一下就想清理一個大櫃子，卻力有不足，最後還是把物品往裡頭塞。

2 **清潔乾淨**：這時間花費不長，卻頗具心理效果。人會在使用自己擦乾淨的架子與抽屜時，帶著尊敬。

3 **丟掉破舊的東西**：把沒有未來的東西丟掉，像是沒完成的工作項目、沒讀的雜誌、石器時代的筆記及模糊的照片。不是強迫你一定得把東西丟掉，也可以給它們一個使用機會：改變功能（用過紙張的另一面仍是白紙、仍是頂級的筆記與列印紙張）、與人交換（光碟、音樂、書籍）、給其他人、當生日禮物送出、捐贈、出租、出借物讓給他人用、賣出去（露天拍賣、跳蚤市場），這讓人得到滿足。學生可以到學校看板或網站張貼廣告，無論是腳踏車、筆電或舊書，第一學期的學弟妹都會眼睛為之一亮。

4 減少：你需要促銷三十支原子筆與八個辦公室杯子嗎？兩個實在也夠了！這樣的減法迫使你用完立刻就洗，而且能避免要洗的碗盤堆積如山。東西愈少，人就愈小心呵護。

5 分類：想著「物以類聚」的原則。一切不屬於這個分類的，就剔除出去。

6 提高你的伸手速度：常用的東西在先，其他的東西在後。使用此分類標準及透明的蒐集容器，像是透明的塑膠袋、透明保護封套或透明的瓶子，可以立刻看裡頭有什麼，減少搜索時間。

有助清理的方法

與伴侶共同清掃也可以是件美事。對方的評語有助自己清理不再合適的物品（只要是禮貌地表述），「這雙鞋根本不適合你」、「不知為何我一直就不喜歡這件夾克」、「這網球拍應該已過了它的壽限」。在辦公室一定也有像以下的新年打掃：

· 把每個人都會用到的檔案集中。
· 避免雙重的儲藏處。
· 統一標記全部檔案夾。

- 下決定：哪個資料可有可無？哪個文件是這個部門需要的，現今卻混亂堆放，以致極少被調閱？哪個文件因法規必須要歸檔，但只在一旁存放即可？

另外，腦袋裡應考慮好哪個物品擺放在哪是有意義的，例如我先確定好家中要分成工作／居住／儲物三個區域，還素描出怎樣才能最好的利用我的房間。這樣更清楚了，按照素描有目的地的把東西放在最佳位置，而非放在正好空著的地方，這樣的分配對兩個人同住也很有意義，先分配好位置，就能讓每個人依照自己的意思，在自己的地盤上整齊地裝飾擺設。

> 我們覺得累，不是因為我們處理了的事，
> 而是因那些我們還沒處理的事。
>
> 無名者

檢查表

物品是否要剔除時,可以詢問自己,這件物品對我

- 重要嗎?
- 過期了嗎?
- 美好嗎?
- 對其他人比對我更有用嗎?

給喜歡囤積舊東西的人

對喜歡囤舊物的人來說,把東西分類特別難,他們對每個出奇蛋與促銷禮品有情緒的束縛,總想著可能有天還會再用到。有什麼辦法可以拯救這些人呢?有的,東西不馬上丟掉,而是先棄置在一個過渡的紙箱裡,或是先下到地下室,當東西在一年內都不再被使用的話,丟除就容易多了。

循序漸進

最好選在工作休息時清理你的環境,因為打掃的活動和工作不同,可以讓你有一點交替變換的感覺,利用空檔打掃會比使用你最能專心的時段好,最能專心的時段要留給重要的工作才值得。此外,不要想一次大掃除,太過猛烈的

行動可能會讓房子一團亂，結果你會沒有勇氣再去把一切重新分類，因為人已不知道身處何處。最好的方法，就是一步步地整理，先從最讓你心煩、堆積如山的角落開始，最亂的地方值得你挑戰，會激起你的鬥志想要把它整理乾淨。

46 陳設的巧思

房間裡可擺放物品的空間有限，所以除了可利用的地板、天花板與桌面外，還可善用家中的牆壁，或用垂直擺設的方法來置放物品。以下有幾個建議方式。

懸掛：釘上架子，安裝電話與網路盒在牆上；然後把掛鑰匙圈的與掛衣服的勾子掛在門上，以便出門時一切準備就緒，拿了就走。掛衣服的棍子安裝在牆上，以便椅子有空間。利用拼貼板、軟木板，就能隨時用大頭針別小紙條在上頭。

直立排放：蒐集目錄、小本子、雜誌、筆記本在無蓋的立式文件夾，如此可以節省空間，並能讓你快速拿取。相對地，必須整齊擺放的文件則推薦好好收齊。

疊放：買一組文件收納盒，你可以隨意地將各層依喜好上下移動，並且從前方就可拿取文件。標記一定要清楚易讀。另外有助的是一個透明桌墊，底下可以放置重要資訊（今年目標、工作計畫、日曆、開放時間及名片）。

立式的文件收納櫃是最容易存取、也最實用的收納文件法，

因伸手可及，且分類也容易。用這種吊立式的文件收納櫃，只要把抽屜打開、文件吊立式懸掛、抽屜關起來，就不需惱人地用釘書機釘來釘去或拔來拔去。

另外，文件的標示也應該具體清楚，例如標明「正在進行的計畫」、「商業夥伴」等等，如果還不知屬於哪一類別，不要標示「其他的」，而是標示「待分類」。如果必須要建立子分類時，分類的大小應該適當，切勿分得太細。

立式的文件收納櫃讓人能快速拿取，並可靈活運作改變擺放順序，同時讓類別能劃分清楚。

一定要使用小標籤，並且精確具體地寫清楚文件類別。

47 改善工作流程

到目前為止，我們已合宜地改善了你的工作環境。分類類別確定，東西已根據「物以類聚」的原則分好類。現在，我們要再進一步地改善你的工作流程，讓你成為一位流程專家。今天起，你不必再屈服於更多規則，而是反客為主，由你來決定規則。

請立即分析：

- 通常你的工作包含了哪些流程？
- 哪個程序其實是一再重複的？
- 哪些資訊是--再被使用？

依照以上問題的答案，對應地調整你儲物的方式。定期檢驗，儲物的方式是否按照著你的任務與工作方式而有所改變。

工作環境的改善

我經常搬家，並且須配合新工作來調整居所。在倫敦十平方米的讀書室，空間如此有限，需要足夠的創意來決定物

品如何擺設。在中國時，只找了一張辦公椅和印表機，公寓搖身一變就成了辦公室，我在短短時間內就完成了一本小書。我其實可以抱怨壞境太惡劣，但何苦呢？只要一點巧思，就能在各地快速優異地重新組裝我的環境，只要每次花幾分鐘，想想如何能改善生產條件及去趟辦公用品店補齊裝備即可。

我在閱讀與查資料的流程上也做了變更。

之前為了文獻研究，興匆匆地前往圖書館找書（挺蠢的，當那些書不在那時），好不容易找出資料來源，乖乖複印，然後回家，這花費我兩到四個小時。隔天，我讀著這些文章，仔細地總結，這一切真的太花時間了，以致我每天平均只能讀上三篇文章。在我攻讀博士期間，便一改苦命路線，改善流程：我開始在家裡、在電腦旁研究，靠著圖書館的線上網站，約可下載百分之九十的文章，不再像過去，列印後徹底詳讀，現在我只瀏覽文章（每篇大概三十分鐘），隨即寫下總結，然後直到我發現缺乏哪篇特定文章的細節知識時，才再讀一次細節。因為是電子檔，可以隨處讀。這新穎的過程減少了時間小偷的犯案，罪行包含去圖書館的路線、列印、分類與儲放書籍，這樣下來，我平均每天能看十到二十篇文章，效率大增五到十倍，而這一切，只因花了半小時，反思最佳流程。

五步驟檢驗你的工作流程

- 當你拿到一件任務時，先了解這個任務從頭到尾包含了哪些過程，也就是說，你要弄清楚：什麼時間做什麼事？帶著何種目標？哪些步驟必須要先處理？
- 用素描或流程圖，將流程呈現出來。
- 辨別出核心流程：任務的哪個部分要花你最多時間？任務的哪個部分帶來最大效益？
- 可以將任務的哪個部分簡化、連結、刪除？
- 重新畫出你的新任務流程，並且在腦中把這順序走一遍。這新的流程會讓你的工作更成功嗎？若不確定，也先試試看吧！

以下有幾種文件分類方式

根據時間緊迫性

- 短期（1–2 天）
- 中期（1–2 週）
- 長期（1 個月以上）・或者週一、週二……

根據自選的分類標準

- 非常重要
- 重要
- 直到清楚才知是否相關
- 放置／轉交
- 垃圾桶

根據重要性

- 急迫 & 重要
- 長期 & 重要
- 較不重要／小事／可有可無
- 垃圾桶

文書工作

- 重要區（根據 20 ／ 80 原則處理）
- 待讀區（瀏覽／閱讀）
- 網路／電郵（上網、寫郵件）

文件處理程序

- 1、研究
- 2、閱讀
- 3、總結
- 4、引用／合併

主題／任務

- 考試：西班牙語口試。
- 熱中：學生會選舉
- 工作：應徵實習等等。

每週花一小時改善工作流程

每週花一小時的時間讓你的工作更有組織。為什麼不用每週五、工作的最後一小時，來讓下週更有效率呢？那時多數人都有點疲憊，但如果能把它變成每週的結尾儀式，不是很好嗎？以下是改善工作流程的一些建議，例如：

- 儲存線上轉帳範本，或是讓銀行自動從你的帳號扣款。
- 草擬旅行的檢查清單，打包時就不用多花時間想要帶什麼，不會浪費時間之外，出發時也能信心滿滿，不怕漏

帶，因為一切都已經想好了確定了。

- 解釋給實習生怎麼用 Excel，並委派人做工作。
- 將文件夾徹底檢查，並清理桌面與置物處。
- 在答錄機裡錄下「請給我寫電子郵件」，而非「我再回電給你」。
- 使用電子信箱自動回覆功能，並告知他人，你參加慢活運動，每天只會檢查電子信箱兩回。
- 製出問答集 FAQ，並放在網站上，可避免問題重複出現。
- 儲存對顧客詢問回信的標準範本或確定訂貨單格式，而非總是重新寫一樣的文章（甚至還寫錯），這樣流程就會愈來愈優化。
- 清楚地把招標廣告寫得清楚（例如職缺不要只寫找「網頁設計者」，而是寫「有 PHP 超文本預處理器經驗、有創意的同仁，可以一同思考，並準備好在小出版社工作，一週上班兩天，每小時給薪兩百八十元」）。
- 和同事解釋清楚重要的生產力原則。
- 寫下每週計畫（規則 25）。
- 想好這週的任務，並寫下待辦清單。

工作環境有助於管理流程：即刻就該處理的文件放前頭；左邊
帳簿裡有東西要打字，而當右邊的監控器顯示出總結時，可在
中間的螢幕處理。

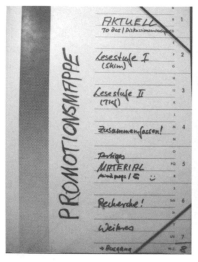 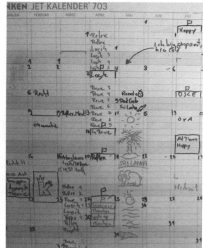

左圖：將重要文件根據文件處理程序分類，上面是今日一切
待辦文件，再來是要大致瀏覽的文件，然後是要深入閱讀的文
件，最後是要做出總結的文件。

右圖：關鍵資訊像是交件日期、里程碑、重要的項目資訊，應
該要一目瞭然，在此顯示的是牆上日曆。

48 讓高科技幫助你

機長駕駛飛機一定需要**輔助工具**，他無法自己單獨測量並監控全部的重要參數，所以他有儀表及工具來分擔他的大部分工作。他也不必持續監控，而是專注在最重要的駕駛活動上。因此，雖然人的注意力是有限的，但靠著他人的聰明才智造出的先進科技，駕駛飛機變得可能，因此，心理學家研究「分散認知」，也就是一種散布的思考與知識，機長開飛機就是這分持智能的例子。

靠著使用工具，發揮我們有限的可能，才有人類的發展：靠著輪子的發明，我們能快速前進；靠著書寫，才能持續儲存細節知識；沒有鐵錘，我們無法把釘子釘到牆上；沒有筆，就無法書寫；沒有計算機，就不能進行複雜運算。

因此，找出現代**工具**給自己，讓你的思考更快、更有效率，這些工具讓你有能力做之前無法做的事。例如我長久對我的電腦不滿，因它經常掛掉，還有永遠的充電等待，於是我就換了蘋果電腦。如此一來，病毒問題遠離，實際上是沒有病毒了。不止硬體，軟體也有助於工作效率。靠著程式，我可以做很多過去只能夢想的事，像列印文件軟體 Pages，它提供好的標準列印，特別容易改製，現在我可以在三十

分鐘內做好傳單，以前可能需要兩小時。我並不想要為蘋果做太多廣告，因為也有好的微軟程式。找尋新的程式與技術，可讓你的工作更容易，學習使用軟體，像 Powerpoint 及 Word，許多功用可省下數小時時間，並改善成果。值得推薦的軟體：

- Outlook 或 Thunderbird 設定，可下線處理郵件。你可以管理地址，且能更快地分類。
- 當你早就忘了生日或會面時間，Outlook 日曆功能會自動提醒你。
- 特定的格式範本，可以讓你的文件永遠都看來統一，且自動設有內容標籤的作用。
- Google 的桌面搜尋或蘋果的 Spotlight 找資料，比你現在的速度要快十倍。
- 我想，你一定也想得到其他方面。

電腦接收許多工作，它優雅地讓事情加快。你應該定期學習電腦新知，才能好好利用電腦。

其他可以讓你更好利用電腦的點子

- 我們喜歡回憶的事，卻占據過大的空間，可以**拍攝**下來。例如你可以把腦力激盪的結果或上課後的黑板圖像拍下

來，晚點就能再處理或簡單回想。

- **掃描**：放棄大量存放或印出文件。掃描是個好的儲存方法，不管是往來紙張、銀行明細、帳單。掃描證書或大頭照，這樣你不只更易行動，還有重要的旅行文件在手邊，並且確保密碼提示與信箱帳號。
- **第二臺螢幕**：一個無法想像的助手，不只給全部視覺學習者，還可以更舒適地概覽與節省列印。
- **多功能印表機**：一人公司或學生，會發現一個印表機合併有掃描、拷貝和傳真功能是必要的。人們得到影印店或電腦教室的時代已是過去式了。
- **十指萬能**的學習是必要的。試試看免費的線上打字訓練 www.schreibtrainer.com。

你一定會想到一些希望能更簡單處理的事，可能是報稅，或架設網站，或加工圖片與影音檔，或一個固定的參考資料管理。找出最適合的軟體吧！

把電腦技能訓練好，並熟知其功能是值得的。還有其他有效的技術可帶我們向前。要是每天通勤，但轉車不方便，考慮一部摩托車或腳踏車吧；或買臺洗碗機；或是靠著專業的辦公椅與站立的工作方式，來終結你的背部問題。

49 用點創意

太好了，我們現在已稍加整頓了你的環境。但這不是說，你需要把一切都拋個乾淨，有些東西是能讓生活更加豐富多樣。像我就蒐集了許多有趣的剪報和圖片，它們讓我的研討課更加旁徵博引，還有不少東西可以實惠地將它們變身，如漫畫、海報、彩紙、明信片等等，沒人知道下次婚禮或生日會是什麼時候，而你可以從你的小收藏裡變出超棒的裝飾。

還有個簡單東西可以提高你的創意與生產力，例如磁性白板，你可以在上頭畫上目標、心智圖或想法，同樣地像是可以插針的軟木板，把最有趣、有助學習與讓你充滿動力的圖片別在上頭吧。其他有助整潔美觀的還有：

- **蒐集盒**：大花瓶、玻璃杯、茶杯、照片牆很完美，可收納許多小物品，美觀絕倫。
- **小的立書架**：適於念書或打字時不讓頸部痠痛。
- **早餐盤**：可於半躺時或在床上用筆電工作時登場。當然也適於進食易碎的早餐。
- **文件保護夾**：讓你在哪都可思考，無論是在公園、車上或咖啡館。

- **迷你辦公室**：把最重要的筆與便利貼、迷你訂書機放入小文件夾，就可以到處工作。

閱讀平臺：頸痛與背痛可能耗費百分之四十的生產力。簡單的技巧有助化解頸痠：外接鍵盤與墊高的筆電螢幕（左圖），或國小學童愛用的固定書架（右圖）。

左圖：辦公文件夾也可以當書架，方便閱讀，減少頸部 痛（左圖）。右圖是最實惠的站立式工作法，一個用書來穩住固定的快遞箱。

50 別被大量的電子郵件淹沒了

如何處理電子郵件，這是目前在時間管理上最新的主題，也是個持續隱憂，不限於在職者。

不必時時在線：大學生每天最好只查看電子郵箱及瀏覽社交網站一回，否則會浪費太多時間。郵件還是可以寫，但把寫好的郵件放在待寄郵件的分類裡，隔天再寄出。否則就會陷入時時更新的症狀，雖然想做其他事，卻總忍不住立刻讀新進郵件。反之，對在職者而言，電郵是極重要的工作媒介，但通常每兩小時查看一次即可，一天最多五次，這樣你就已經是在待命了，並且還能同時專心處理自己的任務，所以，工作時為了要處理任務，你是下線的。

信箱不是垃圾桶：許多人不分類郵件，更別說刪除了。當數百封郵件與垃圾郵件迅速累聚時，混亂是一定的，新進郵件應該立即處理，如果不重要請立刻刪除它，或是立即簡短回答郵件的部分內容。在新進郵箱裡應該只有目前要處理的與緊急重要的郵件，而其他郵件就應該移到待分類資料夾。

建立分類與待分類資料夾：用一點時間考慮，你需要哪些

文件夾。你想要根據工作項目、根據不同人或每週天數（週一、週二、週三）來分類？什麼對你的工作要求最有意義？我建議在文件夾裡建立四個分類：

待分類資料夾：這裡是你目前想看的文件，最常的是

- 1 待辦
- 1 追蹤
- 1 關於計畫的結果或活動的資料
- 1 新聞郵件

工作資料夾：這裡是一切已處理的工作郵件，你也許還要再參考。

- 2 工作項目 A
- 2 客戶 B
- 2 回家作業 XY
- 2 博士學程

使用者資料夾：在這文件夾內是一切你分類到使用者一類的郵件。

- 3 帳戶密碼

- 3 帳單
- 3 提供新資訊的郵件

檔案庫資料夾：舊郵件，也許還會再參考。

還有一個提示：對一切資料夾的郵件，都提供不同的分類號 1、2 等等寫在前頭，這樣它們就會在同一位置。

聰明的郵件寫法

寫短一點！過度斟酌字句會浪費你最多時間。當你只是要一份資訊，或是想要給出一份資訊，不要長篇大論，因為沒人想讀長篇小說。

幫助他人：用粗體標示出你具體的疑問。這樣就能把實際的提問與其他的附帶資訊劃分出來。疑問多時，可用一、二、三來呈現。

清楚點！在約定會面時間及給予工作指示時，寫清楚「我們在週日下午四點在御林廣場見，**若臨時有變化**的話，請在下午一點前告知」，或是「我可以提供您下列有空的時間：八月十八日或**八月十九日**（用粗體字代表偏好），或是九月二十二日」，這樣就可以事先排除疑問。

待辦郵件：請求你的工作夥伴，對不同任務分開寫不同的簡短電郵給你。這樣就能很快地把已處理郵件勾選分類。有些人也寫電郵給自己，因為他們使用新進郵件為待辦清單。

三（段）句原則：在郵件裡寫三句話，第一句是附帶的相關資訊，第二句是你的疑問或給予的工作指示，第三句則是表示感謝或其他事項。主題要是複雜點的話，就寫成三段，每段最多四到五句，否則就——

用短訊的格式寫電子郵件：使用郵件標題寫出內容。這樣別人根本不用打開郵件。

請同事把寄給你的電郵標題前先加上分類類別，例如**行動**：請寄給我—結束。**資訊**：會議明天十二點在二號會議室—結束。**提醒**：我今天就需要文件，謝謝—結束。這樣郵件能很快且清楚地被分類。

三分鐘規則在此派上用場：一封郵件最多寫三分鐘，這樣當其他人還在慢慢註記這封是待辦郵件時，你已經寫完放在待寄郵箱裡了。

回答：對方知道你已收到一重要文件時，才會覺得更確定。

即便是朋友也不想要等三個月才有答案。用短訊格式寫電子郵件，並在標題短短寫下「收到郵件，謝謝」或「做得好，一切都到齊了。—結束」，只花兩秒，且非常有禮貌。

打電話：需要密集討論時，打電話！一切假設不能在一小時內寫在紙上，卻可以在電話裡幾分鐘談完。

你的標靶

你認為哪些有處理的必要？把它們圈起來，並填入自己的想法。

將我的東西分類總結　　　　　按常用與否的原則安排我的書桌擺放物

檔案與紙張用後重新歸類

給我的東西一個家

幫我的架子與抽屜貼上標籤

寫下自我指示的紙條在文件與檔案名上　　　舊東西分類、賣出與贈予

慢慢地清理

建立「孤兒院」　　　　　　　把東西懸掛、堆疊、放好

不需要的廢紙與分心物刪除或丟棄　　　買個櫃子裡頭可以直立文件

掃描或拍下文件以數位處理

學習軟體技巧　　　　　　　不超過兩分鐘的事情立刻處理

有系統的總結筆記　　　　　使用電郵規則

根據自己工作的處理過程設立電子郵箱文件夾

你想要馬上採取的下一步是什麼呢？

_____

_____

_____

_____

全神貫注

周遭的秩序是為了要讓你能集中注意力：遠離分心的東西，讓自己能專心且認真著手最主要的任務。

分類收納：靠著物以類聚的分類原則，小東西就不會四處散落，這樣找尋就比較容易。

根據常用程度來決定物品放置的位置：常用的東西放在伸手可及處，不重要的東西放得離你遠一點。

讓你的任務清楚被看見：把重要急迫的任務都放在桌邊看得見的地方，然後每份文件上用便利貼標示下一個處理步驟。

清理垃圾堆：讓你的生活有新空間，剔除不需要的物品。

陳設的巧思：如果需要的話，可以購買新家具，或者在陳設時發揮你的手工技藝，重點是讓每個物品找到它的居所。

改善工作流程：分析你必須處理的任務，根據分析來改善調整工作流程。

讓先進科技輔助你：找出最好的工具，並訓練自己利用工具打造最有效率的處理方式。

帶創意入生活：為了讓一切能更有趣、刺激與多姿多彩，在生活裡允許創意。

被電子郵件淹沒前築好防波堤：根據你處理郵件的過程，分類管理電郵。再者，寫信時注意效率，長話短說。

感謝

本書要是沒有家人、朋友的幫助是不可能完成的。因作者
經常是孤軍奮戰的一群。因此,寫書最美好的時光並非書
寫本身,而是當我們共同討論的時刻。

我想將書獻給我的許多謬思,他們熱切地支持我。克勞蒂
亞,陪我從這本書的誕生到結尾,給我新活力;親愛的爸
媽,致力探查我的書寫;還有我的兄弟羅納,堅信我選的路;
多洛、海納、塔尼婭、塞巴斯提安、丹尼爾、約蘭達及其
他和我分享想法的人,真是精采的組合。格雷戈爾,幫本
書做了最後的修正;丹尼拉,在第三版時進行字句的加工;
最後,把我的尊崇給居後卻不失其重要性的德語大師們——
莎拉・茵斯托克、派屈克・萊斯克、凱・岡拉克與薩賓・
弗里克。

高寶書版集團
gobooks.com.tw

致富館 307

每天10分鐘的高效率練習：德國腦開發教授教你輕鬆駕馭工作、生活的黃金法則
Golden Rules: Erfolgreich Lernen und Arbeiten. Alles was man braucht.

作　　者	馬汀・克倫格爾（Dr. Martin Krengel）
譯　　者	利亞潔
編　　輯	林俶萍
校　　對	李思佳、林俶萍
排　　版	彭立瑋
封面設計	林政嘉
企　　畫	陳俞佐

發 行 人	朱凱蕾
出　　版	英屬維京群島商高寶國際有限公司台灣分公司 Global Group Holdings, Ltd.
地　　址	台北市內湖區洲子街88號3樓
網　　址	gobooks.com.tw
電　　話	(02) 27992788
電　　郵	readers@gobooks.com.tw（讀者服務部） pr@gobooks.com.tw（公關諮詢部）
傳　　真	出版部 (02) 27990909　行銷部 (02) 27993088
郵 政 劃 撥	19394552
戶　　名	英屬維京群島商高寶國際有限公司台灣分公司
發　　行	希代多媒體書版股份有限公司/Printed in Taiwan
初 版 日 期	2016年9月

Golden Rules: Erfolgreich Lernen und Arbeiten. Alles was man braucht. Selbstcoaching. Motivation. Zeitmanagement.
Konzentration. Organisation©2013 Martin Krengel of Eazybookz UG (haftungsbeschraenkt), Berlin, Germany, 7th edition
First published as GOLDEN RULES in Germany in 2010 by Eazybookz UG (haftungsbeschraenkt), Berlin, Germany
This translation of GOLDEN RULES first published in 2010, now in its 7th edition in 2016, is published by arrangement
with Eazybookz UG (haftungsbeschraenkt), Berlin Germany and The Wittmann Agency, International & Foreign Rights
Agency, Lutherstadt Wittenberg, Germany www.the-wittmann-agency.com through LEE's Literary Agency.
Complex Chinese translation copyright © 2016 by Global Group Holdings, Ltd.
All rights reserved.

國家圖書館出版品預行編目(CIP)資料

每天10分鐘的高效率練習：德國腦開發教授教你輕鬆駕馭工作、生活
的黃金法則 / 馬汀・克倫格爾（Dr. Martin Krengel）著；利亞節譯.
-- 初版. -- 臺北市：高寶國際出版：希代多媒體發行, 2016.09
　面；　公分. --
譯自：Golden Rules: Erfolgreich Lernen und Arbeiten. Alles was
man braucht.

ISBN 978-986-361-272-8(平裝)

1.企業管理 2.職場成功法

494.1　　　　　　　　　　　　　　　　　105003368